Rainer Wälde

Understatement

Rainer Wälde

Understatement

Der Stil des Erfolgs

Frankfurter Allgemeine Buch

Bibliografische Information der Deutschen Nationalbibliothek
Die Deutsche Nationalbibliothek verzeichnet diese Publikation
in der Deutschen Nationalbibliografie; detaillierte bibliografische
Daten sind im Internet über http://dnb.d-nb.de abrufbar.

Rainer Wälde

Understatement

Der Stil des Erfolgs

F.A.Z.-Institut für Management-,
Markt- und Medieninformationen,
Frankfurt am Main 2008

ISBN 978-3-89981-174-2

Franffurter Allgemeine Buch

Copyright: F.A.Z.-Institut für Management-, Markt-
und Medieninformationen GmbH
Mainzer Landstraße 199
60326 Frankfurt am Main

Gestaltung/Satz
Umschlag: F.A.Z., Verlagsgrafik
Satz Innen: Ernst Bernsmann
Druck und Bindung: Messedruck Leipzig GmbH, Leipzig

Printed in Germany

Inhalt

Vorwort
Leben im Original: Understatement statt Bescheidenheit

„Bescheidenheit ist eine Zier, doch besser lebt man ohne ihr" – an dieser Volksweisheit ist etwas dran. Wird doch Bescheidenheit oft als halbherzige, weil letztlich auf Vorteilnahme ausgerichtete Selbstbeschränkung wahrgenommen, als vorschnelle Genügsamkeit, als ein Zeichen von mangelndem Selbstwertgefühl. Auf eine solche – falsche – Bescheidenheit kann man tatsächlich verzichten. Understatement – wie es den Briten seit Jahrhunderten als Ideal gilt – ist etwas ganz anderes als Bescheidenheit. Deshalb lässt sich das Wort auch schwer ins Deutsche übersetzen.

Understatement bedeutet, dass ein Mensch sich mit seinen Wurzeln auseinandergesetzt, eine eigene selbstbewusste und stabile Identität erworben und es deswegen nicht nötig hat, andere Menschen mit äußeren Werten zu beeindrucken. Es bedeutet aber auch, dass er seinen Status, sein Lebenskonzept, seine Werte nicht dazu missbraucht, sich selbst als höherstehend zu inszenieren. Ein „understateter" Mensch weiß, dass nicht nur er selbst wertvoll ist, sondern er gesteht auch allen anderen Menschen diesen Wert zu – selbst dann, wenn sie nicht denselben Maximen folgen wie er. Understatement ist niemals provozierend, sondern immer souverän und gelassen. Sein ist wichtiger als Schein, Charisma stärker als Status. Understatement beruht darauf, anderen ein positives Vorbild zu sein, keine Kluft entstehen zu lassen zwischen Reden und Tun. Es geht um Echtheit, um Authentizität.

Allerdings – wer Understatement leben will, kann es sich nicht anziehen wie einen Schuh. Derart „angezogenes" Understatement – ohne zugrundeliegende, in der Persönlichkeit verankerte Werte – bleibt Fassade, ein bloßes Image. Für mich verkörpert Understatement deswegen auch die Entwicklungsstufe, die ein Mensch erreicht, die Höhe, die er erklommen hat. Und genau die Energie und die Selbstüberwindung, die man aufwenden muss, um einen Berg zu besteigen, braucht man auch, um zu echtem, authentischem Understatement zu finden.

Die gute Nachricht: Je öfter man sich auf den Weg macht, je höher die Berge sind, die man erobert, desto leichter wird es. Wer ganz oben angelangt ist, auf dem Dach der Welt, der weiß: Hier wartet die Freiheit.

Machen wir uns auf den Weg! Begleiten Sie mich zu den Gipfeln des Understatements.

Ihr Rainer Wälde

Kapitel 1 – Feldberg: 1.493 Meter
Wer es nicht nötig hat, auf Geschenke stolz zu sein

Ein ganz normaler Tag im Werk eines großen deutschen Automobilherstellers. Die Arbeiter der Frühschicht strömen durch die Werkstore. In den Büros über der großen Montagehalle mit den niemals stillstehenden Fließbändern schalten die Verwaltungsmitarbeiter ihre Computer an. In der Kantine bereiten die Köche und Küchenhilfen die Mahlzeiten für den Tag vor. Business as usual. Für eine junge Frau, die gerade das Werk betreten hat, ist dieser Tag jedoch alles andere als normal. Er ist der erste ihres Praktikums, das sie hier absolvieren wird. Mit ihrer dunklen Hose und ihrem schlichten Pullover sieht sie aus wie die meisten anderen Studentinnen an ihrer Universität auch.

Ein bisschen nervös wartet sie vor dem Büro des Bereichsleiters Controlling. Ihm wird sie in den nächsten Monaten unterstellt sein. Was genau ihre Aufgaben sein werden, ahnt sie noch nicht. Mit ziemlicher Verspätung kommt der Bereichsleiter, ein Herr im dunklen Anzug und mit korrektem Scheitel, den Flur entlang gestürmt. Er könnte sich entschuldigen. Tut er aber nicht, denn er hat ja „nur" eine neue Praktikantin vor sich. Beiläufig bittet er die junge Betriebswirtschaftsstudentin in sein Büro. Dann bespricht er mit ihr kurz und knapp das Pensum der nächsten Monate. Sie soll sein Team bei der Produktkalkulation unterstützen und beim Jahresabschluss helfen. Vor allem aber soll sie im Tagesgeschäft überall einspringen, wo es anderen nötig erscheint.

Eine Stunde später steht die neue Praktikantin mit einem Stapel Unterlagen in der Hand wieder auf dem Flur. Sie macht sich auf den Weg in das Großraumbüro des Controllingteams am Ende des Flurs. Als sie hereinkommt, nimmt kaum jemand Notiz von ihr. Eine Assistentin zeigt ihr ihren Arbeitsplatz, einen kleinen Schreibtisch mit abgewetzten Kanten, eingequetscht zwischen einem bis zur Decke reichenden Aktenschrank und einem Gummibaum. Seufzend lässt sich die Neue auf dem durchgesessenen Schreibtischstuhl nieder und vertieft sich in ihre Unterlagen. Schließlich ist sie hier, um etwas zu lernen, sagt sie sich.

So oder so ähnlich könnte der erste Tag des Praktikums von Susanne Quandt im BMW-Werk in Regensburg angefangen haben. Dass sie keine gewöhnliche Praktikantin war, sondern Tochter und Erbin des Unternehmers Herbert Quandt, des Mehrheitsaktionärs und Sanierers von BMW, wusste damals in Regensburg keiner. Sie trat das Praktikum unter dem Namen Susanne Kant an. Selbst ihr Mann Jan Klatten, den sie während des Praktikums in der Kantine kennengelernt hatte und dessen Namen sie annahm, erfuhr erst nach sieben Monaten, wer die Frau, in die er sich verliebt hatte, wirklich war.

Noch heute sind der erfolgreichen Mittvierzigerin Anonymität und Zurückgezogenheit wichtig. Obwohl sie mit einem geschätzten Vermögen von neun Milliarden Euro die reichste Frau Deutschlands ist, sucht man sie auf Promi-Partys ebenso vergeblich wie in den Klatschspalten der Massenblätter. Ihr Auftreten ist Understatement pur. Ihre Garderobe ist von schlichter, uneitler Eleganz ebenso wie die blonde Kurzhaarfrisur. Außer Ohrclips und dem Ehering trägt sie nie irgendwelchen Schmuck. Und während andere BMW-Aufsichtsräte die repräsentativen 7er-Modelle bevorzugen, fährt Susanne Klatten die 3er-Reihe. Sie lebt in einem soliden Komfort, der weit davon entfernt ist, protzig zu sein. Über ihr Privatleben ist sonst so gut wie nichts bekannt. In der Presse wird sie deshalb gern als „Die unsichtbare Milliardärin" bezeichnet.

Mit dieser Haltung bewegt sie sich in bester Familientradition: Genauso wie die Großeltern pflegten auch Susanne Klattens Eltern, Herbert und Johanna Quandt, einen sehr zurückgezogenen Lebensstil. Die Privatsphäre war für die Familie heilig. Vor allem Johanna Quandt wollte ihre Kinder nicht zwischen Prunk, Glamour und Jetset-Partys aufwachsen sehen, sondern ihnen ein normales Leben ermöglichen. Ende der siebziger Jahre war es damit jedoch vorbei: Die Polizei verhinderte in letzter Minute, dass Johanna Quandt und ihre Tochter Susanne entführt wurden, und stellte die Quandt-Kinder von nun an unter Personenschutz.

Ihr familiäres Erbe hat Susanne Klatten angenommen. Sie absolvierte eine Ausbildung zur Werbekauffrau und ein Betriebswirtschaftsstudium, erwarb den MBA und erste Berufserfahrung als Assistentin der Geschäftsführung in einem Medienkonzern. Wenn sie heute als Großaktionärin bei BMW und Altana ihre Aufsichtsratsmandate verantwortungsbewusst wahrnimmt, dann nicht nur, weil sie die Beteiligungen geerbt hat, sondern vor allem auch, weil sie leidenschaftliche Unternehmerin ist. Und sie hat es überhaupt nicht nötig, das mit Statussymbolen auszudrücken.

„Schaffe, net schwätze!", sagen die Schwaben

Bleiben wir doch noch einen Moment bei den Frauen im Business. Es gibt noch eine andere deutsche Unternehmerin, die sich schlicht und einfach ihrem Erbe stellt. Auch sie ist – wie Susanne Klatten – gut ausgebildet, unprätentiös und mehrfache Mutter: Nicola Leibinger-Kammüller, Mitte 40, Vorsitzende der Geschäftsführung des schwäbischen Werkzeugmaschinenherstellers Trumpf. Seit Ende 2005 lenkt die promovierte Literaturwissenschaftlerin das Familienunternehmen zusammen mit ihrem Bruder und ihrem Mann. Die Unternehmenskultur der Trumpf GmbH ist eng mit dem pietistisch geprägten Familienkodex der Leibingers verbunden. Er beruht auf Bescheidenheit, Zurückhaltung und Integrität. Nicola Leibinger-Kammüller arbeitet hart und viel, stellt ihre eigenen Interessen zurück, engagiert sich für andere, hat sich unter Kontrolle. Wer sie getroffen hat, schwärmt von ihrem Charme, ihrem natürlichen Lachen. Spontan ist sie, lebhaft, grazil. In das ehemalige Chef-Büro ihres Vaters ist sie bewusst nicht gezogen, weil sie das „albern" fände. Die Familie hat bislang kein nennenswertes Privatvermögen angehäuft, sondern das Geld in der Firma gelassen. Die Chefin besitzt folglich weder Jachten noch Luxusferiendomizile in Übersee. Urlaub gemacht wird einmal im Jahr im schlichten, aber komfortablen Chalet in der Schweiz, und zwar gemeinsam mit dem ganzen Leibinger-Clan.

Nicola Leibinger-Kammüller hat alles, was eine Vorzeigeunternehmerin auszeichnet. Vorzeigen lässt sie sich trotzdem nicht. Sie ist weder Dauergast in den einschlägigen Talkshows noch in der Regenbogenpresse zu finden. Im Wirtschaftsteil der Zeitungen dagegen schon. Sie lebt das, was sie von ihren Eltern mit auf den Weg bekommen hat: christliche Werte, Disziplin, Freiheit und Verantwortung. Ihr Ziel ist es, dem Familienunternehmen weiterhin die Markt- und Innovationsführerschaft zu erhalten. Außerdem soll die Trumpf GmbH ein Familienunternehmen bleiben, unbedingt. Da verbieten sich kurzsichtiges Agieren und oberflächliches Streben nach Aufmerksamkeit fast von selbst. Und Gucci-Gürtelchen sowieso. Bei Trumpf weiß jeder auch so, wer die Chefin ist.

Nachhaltigkeit und Denken in langfristigen Perspektiven – das sind auch die Maximen, denen sich Heinz-Horst Deichmann unterworfen hat. Er ist Europas größter Schuhhändler. Er ist Milliardär. Und er engagiert sich für Menschen, denen es nicht so gut geht wie ihm und seiner Familie. Ich habe ihn vor einiger Zeit getroffen und als bescheidenen und unaufdringlichen Mann in Erinnerung behalten. Obwohl er ein riesiges Imperium aufgebaut hat, hält er sich immer im Hintergrund. Sein wichtigstes Anliegen war und ist ihm, die Arbeitsplätze seiner Mitarbeiter zu sichern und das erwirtschaftete Geld so einzusetzen, dass es sowohl ihnen als auch der Gesellschaft, in der sie leben, nützt. Darum gibt es zum Beispiel einen unternehmenseigenen Unterstützungsfonds für Mitarbeiter, die in Not geraten sind. Und darum hat Heinz-Horst Deichmann in Indien ein eigenes Hilfswerk gegründet, das sich um Leprakranke, gesellschaftlich geächtete Prostituierte und vernachlässigte Kinder kümmert. „Wer viel hat, muss viel geben" ist seine Devise. Und er lebt sie, zurückhaltend und nicht auf großem Fuß, auch wenn dieser Fuß in maßgefertigter und rahmengenähter Edelware steckt, wie es sich für einen Schuhunternehmer gehört. Heinz-Horst Deichmann redet nicht viel über sich und seine Erfolge. Er redet überhaupt nur dann, wenn er gefragt wird. Ein Smalltalk-Profi ist er gewiss nicht. Bodenständig und geerdet, zieht er den Schatten dem Rampenlicht vor. Wenn er in den Medien präsent ist, dann wegen seines wohltätigen Engagements. Aber auch das nicht oft. Er hat es nicht nötig, seine Wohltaten an die große Glocke zu hängen.

Seinem Sohn, Heinrich Deichmann, hat er bereits das Alltagsgeschäft übergeben. Und auch dieser, seit 1999 Vorsitzender der Geschäftsführung, glaubt fest an die familiär verankerten Führungsgrundsätze der Deichmann-Handelsgruppe: Was der Vater definiert hat, führt der Sohn weiter. Die beiden harmonieren gut, was wohl auch daran liegt, dass das mitunter ungezügelte Temperament des Vaters von der kühlen Überlegtheit des Sohnes gebremst wird. Und: Der Vater konnte loslassen. Was ihn aber nicht davon abhält, wie früher die Filialen zu besuchen und persönlich mit seinen Mitarbeitern zu sprechen. Das ist sein Stil.

Operieren Sie das Ding einfach raus!

Heinz-Horst Deichmann hatte sein persönlich einschneidendstes Erlebnis als Soldat im Zweiten Weltkrieg. Er erlitt einen Halsdurchschuss und entging nur knapp dem Tod. Diese Erfahrung bezeichnet er als ein „Damaskuserlebnis", das ihn – wie die Jesus-Vision des Apostels Paulus vor Damaskus – für sein restliches Leben prägte. Und sie verbindet ihn mit einem Menschen, mit dem er auf den ersten Blick nichts gemein hat: Heiko Herrlich, ehemaliger Fußballstar und Bundesliga-Torschützenkönig 1995. Er war als Fußballer so gefragt, dass Borussia Dortmund, für die er von 1995 bis 2004 spielte, die bis dahin höchste innerdeutsche Ablösesumme von elf Millionen Mark für ihn bezahlte. Dem ging allerdings ein mittelschwerer Skandal voraus, da Herrlich trotz laufenden Vertrags mit Borussia Mönchengladbach nach Dortmund wechseln wollte. Er berief sich dabei auf eine mündliche Zusage eines Mönchengladbacher Managers, die der jedoch stets bestritt. Heiko Herrlich wurde dafür von Fans und Öffentlichkeit angefeindet, das konnte ihn jedoch nicht aus der Bahn werfen. Alles, was ihn interessierte, war sein schneller Aufstieg in die Nationalmannschaft und überhaupt: Fußball, Fußball, Fußball.

Als er im Jahr 2000 wegen Sehstörungen zum Arzt ging und die schockierende Diagnose „Hirntumor" erhielt, wollte er auch diese Herausforderung gewohnt schnell und zielstrebig angehen: Rausoperieren solle der Arzt „das Ding", ganz einfach. Erst als ihm klargemacht wurde, dass das nicht ging – der Tumor war inoperabel –, begriff Heiko Herrlich die Dimension dessen, was er da bewältigen musste. Es folgte eine fast schon wunderbare Geschichte über einen, der sich vom Saulus zum Paulus wandelte: Heiko Herrlich sortierte seine Prioritäten neu, fand zu sich und den Dingen, die wirklich wichtig für ihn waren. Das und die gute medizinische Behandlung sorgten dafür, dass der Tumor schon ein gutes Jahr später verschwunden war. Ende 2001 stand Heiko Herrlich wieder auf dem Platz. An seine früheren Erfolge konnte er dennoch nicht wieder anknüpfen. 2004 beendete er nach einigen Verletzungen seine Karriere als aktiver Fußballer.

Heute trainiert der 36-Jährige als DFB-Trainer die Fußball-Junioren und gibt ihnen das weiter, was das Leben ihm beigebracht hat: Stärke, Wissen, Fähigkeit zur Reflexion, Besonnenheit, Dankbarkeit und Demut. Er war ganz oben, und er war ganz unten. Wenn er den ihm anvertrauten Jugendlichen sagt, dass man im Leben immer wieder aufstehen muss, wenn man hinfällt, dann weiß er genau, wovon er spricht. Und genau deswegen glauben ihm die Jungs auch. Er hat es nicht nötig, ihnen etwas vorzumachen.

Zwei Kapitäne – der eine auf dem Rasen und der andere in der Politik

Ein anderer Fußballstar fällt mir ein: Michael Ballack ist einer der besten Profikicker Europas. Er spielt im zentralen Mittelfeld an strategisch entscheidender Position und ist ein Teamplayer par excellence. Einzelaktionen auf Kosten der Mannschaft gibt es bei ihm nicht. Dabei hätte er durchaus Torjäger-Potential, er könnte der für alle sichtbare Star sein und den dazugehörigen Ruhm für sich verbuchen. Stattdessen macht er andere groß, gibt an sie den Ball ab, organisiert das Spiel. Er weiß: Mit der Mannschaft ist man erfolgreicher als allein. Und Fußball ist nun mal ein Mannschaftssport. Von Zuschauern und Reportern wird er hin und wieder kritisiert: Er habe nicht genug Biss, nicht genug Kampfgeist, sei zu wenig Einzelkämpfer. Da er ja aus dem Osten komme, sei das auch überhaupt kein Wunder, heißt es. Schon klar. Wenn man sich allerdings seinen Aufstieg vom Chemnitzer FC zum FC Chelsea und seine Torbilanzen anschaut, dann steht hier ein Mann mit außerordentlichem Talent vor uns, dessen spielerische Raffinesse schon ziemlich früh sichtbar wurde.

Noch an einen anderen Mann wollen wir hier denken: Auch er kommt aus dem Osten, nicht aus der DDR, sondern aus Osteuropa. Bis 1957 lebte seine Familie in Flüchtlingslagern, unter anderem im schwäbischen Backnang, wo ein Lehrer das Flüchtlingskind für das Gymnasium empfahl. Heute ist er ein „Kapitän" auf den Meeren der Weltpolitik, wenn man so will – der deutsche Bundespräsident Horst Köhler. Auch er ist ein Mensch, der auf dem Boden geblieben ist. Sein Auftreten entbehrt jeglicher präsidialer Förmlichkeit. Oft sieht man ihn mit windzerzausten Haaren, mal mit schief sitzender Krawatte, plaudernd, lachend und mit blitzenden blauen Augen in einer Menschenmenge stehen. Er hat weder die geschliffene Eleganz des Staatsmannes Richard von Weizsäcker noch das Predigerhafte des Übervaters Johannes Rau. Nein, er ist ganz einfach Horst Köhler, der daherkommt wie der nette Studienrat von nebenan, genügsam, anspruchslos, nichtsdestotrotz – oder gerade deshalb – mit Charisma und Begeisterungsfähigkeit, aber auch einer gelegentlich auftretenden Tendenz zu cholerischen Anfällen gesegnet. Fehler zuzugeben fällt ihm nicht schwer. Die deutsch-

deutsche Währungsunion, die er in seiner Eigenschaft als Staatssekretär maßgeblich gestaltete, bezeichnete er Jahre später als „Sturzgeburt". Er hat es nicht nötig, seine Biographie schönzureden.

„Alles Leben ist Problemlösen" ist dagegen eines seiner Leitmotive. Dass es dennoch Dinge gibt, die sich nicht einfach so lösen lassen, musste er schmerzhaft erfahren, als bei seiner Tochter ein unheilbares Augenleiden diagnostiziert wurde, das bis zur Erblindung führt. Als die Diagnose kam, das war in den neunziger Jahren, trat er beruflich kürzer, um sich mehr um die Familie kümmern zu können. Ins höchste Staatsamt hat er es dennoch geschafft!

Maßhalten und die Mitte finden, ohne mittelmäßig zu sein

Warum erzähle ich Ihnen die Geschichten all dieser Menschen? Was ist diesem kleinen „Ensemble" gemein, dem ich hier eine Bühne bereitet habe? Sie verhalten sich so, dass man als Außenstehender sieht und spürt: Hier agieren Menschen, denen bewusst ist, dass sie beschenkt wurden, reich beschenkt, denen ein Erbe oder ein Talent in den Schoß gefallen ist – seien es nun Firmenbeteiligungen (im Fall von Susanne Klatten), ein Familienunternehmen nebst Ehrenkodex (Nicola Leibinger-Kammüller), eine sportliche Konstitution (Heiko Herrlich und Michael Ballack), soziale Verantwortung (Heinz-Horst Deichmann) oder Charisma und Intelligenz (Horst Köhler). Diese Menschen verstehen sich als Verwalter ihres Erbes. Sie verprassen es nicht, sondern bewahren und vermehren es. Und setzen es so ein, dass andere etwas davon haben. Am wichtigsten aber: Sie brüsten sich nicht damit. Sie tragen es nicht zur Schau – auch nicht sich selbst. Und gerade deshalb besitzen sie Autorität. Gerade aus diesem Grund beeindrucken sie andere.

Denken Sie noch einmal zurück an die Milliardärin Susanne Klatten in ihrer Rolle als „Undercover-Praktikantin" Susanne Kant. Durch ihr anonymes Auftreten in einem Konzern, der ihr gewissermaßen „gehört", zeigte sie: Ich habe keine Erfahrung im Unternehmensalltag. Nun gut. Also stelle ich mich jetzt mal hinten an und lerne. Und bin mir auch für ganz normale und vielleicht auch stumpfsinnige Arbeiten nicht zu schade. Ich muss nicht meinen berühmten Namen ins Feld führen, damit ich entsprechend behandelt werde. Ich will keinen Sonderstatus. Ich unterstelle mich vielmehr der Aufgabe meiner Herkunft und lerne das gründlich kennen, was später Gegenstand meiner täglichen Arbeit sein wird. Denn nur so kann ich die richtigen Entscheidungen treffen – Entscheidungen, die über das Schicksal vieler Menschen bestimmen werden.

Menschen, die verantwortungsvoll mit ihrem Erbe, mit ihren Geschenken umgehen, demonstrieren das auf ganz unterschiedliche Art und Weise. Da bringt ein Chef seinen Mitarbeitern bei, wie man das richtige Maß findet, indem er den Bus zum Flughafen nimmt und nicht das Taxi. Die Botschaft heißt: „Ich bin mir des knappen Budgets bewusst und schaue aufs Geld – folgt meinem Beispiel!"

Meine Frau und ich wohnen in einem Haus, das früher einem alleinstehenden Personalchef eines mittelständischen Unternehmens gehörte. Der hatte die Angewohnheit, auf einem kleinen Tischchen neben der Haustür immer ein banktübliches Bündel mit Zehnmarkscheinen liegen zu haben. Ob nun die Putzfrau nach getaner Arbeit das Haus verließ oder der Postbote ein Paket ablieferte – immer sagte der Hausherr: „Nehmen Sie sich noch einen Zehnmarkschein!" Damit wollte er Großzügigkeit demonstrieren. In Wirklichkeit zeigte er dadurch nur, dass er nicht verantwortungsvoll mit seinem Vermögen umging. Er praktizierte vielmehr eine Kultur der Verschwendung. Seine „Großzügigkeit" wurde von den Lieferanten und Dienstleistern natürlich schamlos ausgenutzt. Da nahm mancher gerne auch mal zwei oder drei Scheine. Trotz seiner vermeintlichen Großzügigkeit starb dieser Manager einsam und hinterließ nichts als Schulden.

Eine weitere Geschichte fällt mir dazu ein: Vor einigen Jahren unternahm der damalige sächsische Ministerpräsident Kurt Biedenkopf zusammen mit seiner Frau Ingrid eine Einkaufstour zu einer sächsischen Filiale des Möbelhauses Ikea. Die beiden suchten Möbel und Wohnaccessoires im Wert von etwa 900 Euro aus. Keine große Summe für einen Spitzenpolitiker mit einer Ferienvilla im Chiemgau. An der Kasse nimmt dann die Szene ihren Lauf: Landesmutter Ingrid möchte Rabatt. Und bitte ordentlich. Der wird ihr von der Kassiererin, die gar nicht befugt ist, Rabatte zu gewähren, natürlich verwehrt. Doch Ingrid Biedenkopf wäre nicht Ingrid Biedenkopf, würde sie jetzt aufgeben! Sie ist die First Lady im kleinen Freistaat – und das wollen wir doch mal sehen! Also marschiert sie energischen Schrittes zum Kundenservice und setzt dort die Mitarbeiter so lange verbal unter Druck, bis diese entnervt aufgeben und sie bekommt, was sie will: 15 Prozent Preisnachlass. Können Sie sich vorstellen, dass ein Horst Köhler so etwas getan hätte? Nein? Ich auch nicht. Später bezeichnet die Sprecherin der Ikea-Konzernzentrale die Sache übrigens als einen „bedauerlichen Einzelfall", der nicht in Einklang mit der Firmenkultur stehe, denn Ikea gewähre grundsätzlich keine Rabatte – auch nicht Milliardären und gekrönten Häuptern.

Understatement geht anders. Es demonstriert Maß und Mitte, ohne mittelmäßig zu sein. Es bedeutet weder Geiz noch Profitmaximierung auf Kosten der Lebensqualität, beschämt aber auch niemanden durch überdimensionierte Zuwendungen. Understatement ist Stil. Der Stil des Erfolgs.

Nutzlose Selbstfindungstrips

Lassen Sie mich einen anderen Aspekt ansprechen, den ich zu Beginn bei der Präsentation meines kleinen „Ensembles" erwähnte: die Klatschspaltenabstinenz der genannten Akteure. Obwohl sie qua ihres Amtes, ihres Erbes oder ihres Status ständig Einladungen zu Galaveranstaltungen, Preisverleihungen oder Partys bekommen, entziehen sie sich mehr oder weniger stark dem öffentlichen Auftritt und dem dazugehörigen Medienspektakel. Was steckt dahinter? Was demonstrieren diese Menschen dadurch?

Ich sehe es so: Hier geht es um das Thema Anerkennung. Wenn Susanne Klatten oder Heinz-Horst Deichmann darauf angewiesen wären, ihren VIP-Status ständig von außen bestätigt bekommen zu müssen – ja, dann würden sie zu diesen Veranstaltungen gehen. Denn diese „Rückmeldeschleifen" durch die Gesellschaft wären für sie die Bestätigung ihres Geltungsbedürfnisses. Da sie aber über eine authentisch gewachsene Identität verfügen, ihre Wurzeln kennen, ihr Erbe angetreten haben, ohne sich damit brüsten zu müssen, haben sie das nicht nötig. Wer keine gefestigte, sondern lediglich eine unsichere Identität hat, der braucht dagegen Bestätigung von außen wie ein Lebenselixier und ist ansonsten den ganzen Tag damit beschäftigt, seine Minderwertigkeitsgefühle in Schach zu halten. Menschen aber, denen bewusst ist, dass sie wertvoll sind, und zwar unabhängig von ihrem Vermögen oder ihren Talenten, müssen nicht die Klatschspalten füllen, sondern können im Hintergrund bleiben. Sie sind „understatet" – weil sie es sich wert sind!

Das bedeutet dann immer auch: Diese Menschen haben unabhängig von ihrem Erfolg etwas anderes gefunden, aus dem sie ihr Selbstbewusstsein beziehen, als das, was ihnen in den Schoß gefallen ist. Allen hier portraitierten Menschen ist es gelungen, ihr Selbstwertgefühl nicht auf dem aufzubauen, was ihnen geschenkt wurde, sondern auf ihrem Glauben, ihrem „Familiengrundgesetz", ihrem Willen zur Leistung oder zur Veränderung. Sie hatten dabei oft das Glück, charakterstarke und verantwortungsbewusste Eltern zu haben, die ihnen schon als Kinder eine Rückmeldung darüber gaben, was sie als Mensch ausmacht, die ihnen so eine stabile Identität verschafften. Sie ersparten es ihnen, später in einer Scheinwelt à la Paris Hilton leben zu müssen nach dem Motto: Mein Name ist in der Klatschspalte, also bin ich. Traurig, wenn jemand das nötig hat, finde ich.

Zugegeben: Nicht alle Menschen haben das Glück, verantwortungsbewusst und liebevoll erzogen worden zu sein und auf dieser Basis eine positive Haltung zu ihrem Elternhaus, ihrer Geschichte und sich selbst entwickeln zu können. So manches Kind „aus gutem Hause" wächst in einem Klima der Vernachlässigung auf, könnte ein Beschenkter sein und muss doch hungern – nach Liebe, nach Aufmerksamkeit, nach Ermutigung und Unterstützung. Oder denken Sie an die milliardenschweren Erben, die alles verschleuderten oder ausschlugen, die etwa zu einem mehrjährigen Selbstfindungstrip nach Indien aufbrachen, nur um hinterher das ernüchternde Fazit zu ziehen: Das bin nicht ich. Das auch nicht! Sich eine Identität nur über Abgrenzung oder Protest zu verschaffen, muss scheitern. Zumindest auf Dauer.

Auch Tom Koenigs musste das lernen. Der Sohn einer Kölner Bankiersfamilie, Jahrgang 1944, schenkte Anfang der siebziger Jahre sein vorab ausgezahltes Erbteil – mehrere Millionen D-Mark – dem Vietcong und chilenischen Widerstandskämpfern. Er lieferte sich zusammen mit Joschka Fischer, dem Ex-Terroristen Hans-Joachim Klein und der studentischen Protestszene heftige Straßenschlachten mit der Frankfurter Polizei. Zwanzig Jahre später hatte er sich dann doch in das System eingefügt und sein familiäres Erbe angetreten: Als Kämmerer verwaltete er die Finanzen der Stadt Frankfurt. Aber er hat es auch geschafft, den Revoluzzer mit einem Herz für Minderheiten in sich zu bewahren und diesen Anteil seiner Persönlichkeit so zu leben, dass er anderen nützt: Er war Menschenrechtsbeauftragter der Bundesregierung und ist heute Sonderbeauftragter der UN für die United Nations Assistance Mission in Afghanistan. Nur ob er ein guter Kämmerer war, weiß ich nicht.

Immerhin, die gute Nachricht lautet: Als erwachsener Mensch kann man zentrale identitätsstiftende Fragen für sich beantworten. Erinnern Sie sich an die Grundwerte Ihrer Erziehung: Was haben

Sie an guten Charaktereigenschaften mit auf den Weg bekommen? Wem in Ihrer Familie sind Sie ähnlich? Was machte diesen Menschen aus, dem Sie im Aussehen und vielleicht auch im Wesen so ähnlich sind? Welche Berufe übten die Familienmitglieder zwei Generationen vor der Ihren aus? Was davon ist erhalten geblieben – in Ihnen oder in anderen Verwandten Ihrer Generation? Die Antworten auf solche Fragen helfen, authentisch zu werden und aus seiner eigentlichen Identität heraus zu leben.

Die Firmenkultur des Reichtums – oder der Armut ...

Nicht nur in Familien, sondern auch in Unternehmen werden Geisteshaltungen vererbt. Von der Unternehmerfamilie oder der Führungsriege strahlen sie in das ganze Unternehmen aus. Können Sie sich vorstellen, dass Sie zu einer ganztägigen Besprechung bei einem Geschäftspartner eingeladen sind, und es gibt außer Mineralwasser nichts? Noch nicht einmal einen Keks? Nur „sauren Sprudel", wie man in Schwaben sagt? Genau das ist meiner Frau und mir bei einem Medienunternehmen widerfahren. Unseren unterzuckerten Zustand und unsere ramponierten Nerven können Sie sich vielleicht ausmalen. Als wir zu einer weiteren Besprechung in dieses Unternehmen reisten, machten wir vorher noch Halt und sorgten für eine solide Grundlage. Und zum Meeting brachten wir eine große Tüte voller frischer, duftender Laugenbrezeln mit. Alle Mitarbeiter freuten sich darüber. Dass die Unternehmensleitung aber danach irgendeine Notwendigkeit sah, ihre Haltung zur Gastfreundschaft zu überdenken, bezweifeln wir heute noch – zu stark hatte sich diese Firmenkultur der Armut und des Geizes schon breitgemacht.

Welche merkwürdigen Auswüchse diese Firmenkultur, die sich jede Aufmerksamkeit dem Gast gegenüber versagt, noch annehmen kann, erlebte ich auch in einem anderen Unternehmen, einer Beratungsfirma. Dort gehöre ich gemeinsam mit drei weiteren Unternehmern dem Beirat an. Auf der letzten Sitzung vor Weihnachten des Jahres 2007 – diese Jahreszahl wird noch bedeutsam sein – überreichte mir der geschäftsführende Gesellschafter des Unternehmens, nennen wir ihn Herrn Beck, mein Weihnachtsgeschenk: ein kleines, in geschmackvolles Papier eingewickeltes Päckchen. Ich war baff. Mitarbeiter, die sowieso ein Honorar bekommen, werden auch noch beschenkt! Dieses Zeichen der Wertschätzung freute mich sehr, und ich trug stolz das Päckchen in seinem feinen, silbern und blau leuchtenden Geschenkpapier nach Hause. Diese schöne Überraschung wollte ich mir bis Weihnachten aufheben!

Das Weihnachtsfest kam und ich legte das Päckchen zusammen mit den anderen Geschenken unter den Weihnachtsbaum. Nach dem Essen war es dann endlich soweit: Bei Kerzenschein und einem

Glas Wein packten meine Frau und ich unsere Geschenke aus. Das besagte Päckchen kam an die Reihe. Was würde wohl drin sein? Ich zog die Schleife auf, löste die Klebestreifen vom Geschenkpapier. Zum Vorschein kam ein brauner Versandkarton. Auf ihm stand – ich traute meinen Augen kaum – „An Herrn Beck, Firmenanschrift". Etwas verwirrt packte ich auch diese Schachtel aus. Darin: ein sehr kleiner Teddybär einer bekannten Marke. Er hielt ein Schild in den plüschigen Tatzen: „Herzlichen Glückwunsch, lieber Herr Beck! Sie als unser treuer Kunde sind für ein Jahr Mitglied unseres Teddybär-Clubs! Suchen Sie sich ein Stofftier aus dem beiliegenden Katalog aus!" Ich nahm den Katalog in die Hand. Es war der für das Jahr 2000 ...

Wäre es nicht der Weihnachtsabend gewesen, hätte sie mir vielleicht die Laune verdorben – die Vorstellung, dass Herr Beck irgendwann in den Keller seiner Villa gestiegen war, sich umgeschaut und überlegt hatte: „Hm, hier müsste man mal gründlich ausmisten!" Und dann auf den Gedanken kam, dass man die einen oder anderen Dinge vielleicht doch noch mal verwerten könnte, und sei es nur als Weihnachtsgeschenke für den Unternehmensbeirat. Verstehen Sie jetzt, was ich meine, wenn ich von einer Firmenkultur der Armut spreche? Geiz ist mit Understatement nicht gemeint!

Natürlich gibt es auch die anderen Extreme. Auch in unserem Mittelstand: Unternehmen, die hemmungslos herumprotzen mit dem, was sie haben. Die Chefs eines Familienunternehmens, das ich kenne (ein mittelständisches Handelsunternehmen), haben sich beispielsweise ein eigenes Restaurant in der „Beletage" des Firmensitzes in einem Kaff an der Autobahn eingerichtet. Dort lassen sie sich und ihren Geschäftspartnern exklusive Mahlzeiten zubereiten und vom eigens dafür eingestellten Personal mit weißen Spitzenschürzchen servieren. Das Mineralwasser wird aus Venezuela angeliefert, das Rindfleisch mit dem Firmenjet eingeflogen und das Salz ist selbstredend handgeschöpft – könnte man zumindest meinen, bei dem Tamtam, das hier veranstaltet wird.

Understatement hat weder etwas mit einer Kultur der Armut noch mit Verschwendung à la Denver-Clan zu tun. Understatement bedeutet nicht, anderen die Wertschätzung zu verweigern, indem man ihnen Sperrmüll als Weihnachtsgeschenk überreicht. Es bedeutet aber auch nicht, andere mit zur Schau getragenem Protz in Verlegenheit zu bringen oder zu brüskieren. Understatement bedeutet, tiefzustapeln und nicht zu prahlen, weil alles andere stillos wäre. Gastfreundschaft kommt ohnehin von Herzen – oder es ist keine. Und selbst wenn man unbedingt das Mineralwasser aus Venezuela einfliegen lässt, weil man es als zum eigenen glamourösen Lebensstil passend empfindet, dann schweigt man besser darüber und schenkt es dem Gast einfach ein.

Gunst kommt von Gönnen

Understatement basiert für mich auf einer ganz bestimmten Geisteshaltung: Gönne ich als Mensch, als Unternehmen, einem anderen Menschen, einem anderen Unternehmen, einem Dienstleister, dass sie an mir etwas verdienen? Falls ja, nenne ich das Gunst. Denken Sie an die Hoflieferanten, die es früher in Deutschland gab und die es heute noch in England gibt. Diese Hoflieferanten werden beauftragt, Blumen oder Biskuits oder Marmelade an den Hof der Königin zu liefern. Sie stehen in der Gunst des Hofs. Die Gunst, die das englische Königshaus den Handwerkern und Zulieferern schenkt, ist allerdings etwas, das zurückkommt: in Form von Sonderkonditionen beispielsweise oder als extra Service. Dieses Prinzip der Gunst ist auch in der Kaufmannstradition verwurzelt: Wenn Stammkunden anschreiben lassen dürfen, ist das ebenfalls eine Form von Gunst, die der Kaufmann seinen Kunden gewährt – weil er ja weiß, dass sie wiederkommen und ihm weiterhin gute Geschäfte bescheren.

Wenn ein Mensch oder ein Unternehmen mit diesem Prinzip nichts anfangen kann, wer anderen nicht gönnt, dass sie von ihm profitieren, der verbreitet eine Aura von Neid und Missgunst um sich herum, die die Atmosphäre vergiftet. Und ich bin überzeugt davon: Missgunst strahlt immer in alle Richtungen. Wenn ein Unternehmen seinen Lieferanten und Dienstleistern nicht die Butter auf dem Brot gönnt und mit ihnen um jeden Euro Honorar feilscht, dann wird sich diese Missgunst auch auf die Mitarbeiter des Unternehmens und schlussendlich auf dessen Kunden übertragen. Wie ein Unternehmen mit seinen Lieferanten umgeht, ist immer ein Spiegel dessen, wie es mit seinen Kunden umgeht. Geben und Nehmen muss sich in einer Balance befinden.

Ein mir bekannter Unternehmer fragte mich neulich, ob ich bereit sei, für seinen Newsletter einen kurzen unentgeltlichen Beitrag zu liefern. Meine Antwort lautete: „Ja, gerne!" Wissen Sie, was ich daraufhin zu hören bekam? Ich sollte doch, wo ich schon einmal dabei sei, gleich zwölf Beiträge für das ganze Jahr liefern. Ebenfalls kostenlos, natürlich. Wer würde sich da nicht ausgenutzt fühlen? Derselbe Unternehmer verlangt übrigens von den Beratern, die nach seiner Methode arbeiten, grundsätzlich eine außerordentlich hohe Provision für jeden Auftrag, den sie über den Beraterverbund generieren. Wenn er jedoch Know-how von anderen für seinen eigenen Erfolg nutzt – er tat dies beispielsweise, indem er sich von Kollegen kostenlos Beiträge für ein Buch schreiben ließ, das er zu einem astronomischen Preis verkaufte –, ist er zu ähnlichen Gegenleistungen noch nicht einmal im Ansatz bereit.

Ein weiteres Beispiel fällt mir dazu ein, das mir kürzlich ein Geschäftsfreund erzählte. Er reist innerhalb Deutschlands gerne mit dem Zug und fährt dann, wenn nötig, mit dem Mietwagen weiter. Jahrelang nutzte er die Dienste einer großen internationalen Mietwagenfirma und hatte selbstverständlich deren Kundenkarte. An einem Karfreitag war dieses Unternehmen jedoch nicht in der Lage, ihm einen Mietwagen an einem Bahnhof in einer deutschen Großstadt bereitzustellen. Er fragte bei der Konkurrenz, dem Marktführer in Deutschland. Für dieses Unternehmen war es kein Problem, das Fahrzeug am Abend zuvor vor dem Bahnhof zu parken und den Schlüssel im Reisezentrum zu hinterlegen. Und er blieb deswegen bei der Konkurrenz. Nach ungefähr einem Jahr bekam er Post von diesem Unternehmen. In einem dicken Briefumschlag, mit einem Begleitschreiben des Unternehmenschefs, steckte eine goldene Kundenkarte, die ihm nun bestimmte Privilegien einräumt: Preisnachlass, Mobilitätsgarantie – Sie kennen das. Er war völlig baff. Denn nirgends kommunizierte dieses Unternehmen, dass es solche Privilegien gab! Wie viele Firmen bieten absurde Kundenkarten, Rabattmarken, VIP-Clubs, Premium Packages und ähnliches nutzloses Zeug an, an dem man nur teilhaben darf, wenn man vorher 36-seitige Formulare ausgefüllt hat – und das alles, damit man am Ende des Jahres 0,5 Prozent Bonus auf alle getätigten Umsätze bekommt. Und diese Mietwagenfirma schenkte einem guten Kunden einfach so ihre Gunst. So sieht echte Kundenbindung aus. Und – echtes Understatement!

Wenn ich Understatement leben will, dann gönne ich anderen Menschen von morgens bis abends, dass sie an mir verdienen. Und lasse sie davon profitieren, dass ich beschenkt bin – im Sinne von erfolgreich. Weder stoße ich Menschen vor den Kopf, indem ich Geld über sie ausschütte, noch bin ich krankhaft geizig. Wenn ich etwa eine neue Kamera brauche, gehe ich nicht zu einem Discounter und handle auch noch unangemessenen Rabatt aus, sondern lasse mich in einem guten Fachgeschäft beraten und sorge durch meinen Kauf dort ein Stück weit dafür, dass die großen Handelsketten den Einzelhandel nicht gänzlich kaputtmachen. Wenn ich in Berlin in der U-Bahn einen Menschen treffe, der eine Obdachlosenzeitung verkauft, dann gebe ich ihm gerne das Geld – und nehme dann aber auch die Zeitung. Nur so behält der Verkäufer seine Würde. Gäbe ich ihm nur das Geld und ließe die Zeitung stecken, wären das Almosen – mit Gunst hätte das nichts zu tun.

Gunst heißt, seine Mittel so einzusetzen, dass sie anderen nützen, ohne sie zu beschämen. Deswegen haben meine Frau und ich auch eine Trust Bank auf den Philippinen gegründet, die Mikrokredite an Kleinunternehmer vergibt und damit Hilfe zur Selbsthilfe leistet. Wir haben es gelernt und Fachleute wissen es schon lange: Ein wirksameres Instrument zur Entwicklungshilfe gibt es kaum.

Geschenke bewirken Leben

Manch einer mag den Beschenkten beneiden – um sein Geld, um sein Talent, seine Schönheit, sein Charisma. Wie alles im Leben haben jedoch auch diese Geschenke mindestens zwei Seiten. Sicher, sie stellen einen Reichtum dar, der vielen unglaublich erscheinen mag. Sie bringen jedoch auch eine enorme Herausforderung mit sich. Was macht ein Mensch mit diesen Gaben? Es kann ja nicht darum gehen, sie aufzubrauchen oder durchzubringen. Es geht vielmehr darum, sich der Verantwortung zu stellen und diese Geschenke so einzusetzen und zu vermehren, dass sie Leben bewirken. Wer in Taten oder Gedanken faul mit seinen Geschenken umgeht, sie, die ihm in den Schoß gefallen sind, nicht mehrt und nützt, dem wird am Ende seines Lebens nichts übrig bleiben. Nicht einmal das, was er bekommen hat. Talent kann auch eine Last sein.

Ein Beschenkter, der diese Herausforderung in vorbildlicher Weise gemeistert hat, ist für mich Jan Philipp Reemtsma. Seine Anteile an der Reemtsma Cigarettenfabriken GmbH, die er im Alter von 26 Jahren erbte, verkaufte er. Aha, er hat sich seinem Erbe also doch nicht gestellt, könnte man einwenden. Er hat das aber sehr wohl getan – indem er es angenommen und transformiert, den Fokus quasi nach hinten gestellt hat.

Jan Philipp Reemtsma ist Philologe, widmet sich der Wissenschaft und der Literatur, ist bedeutender Mäzen für kulturelle Initiativen und lehrt seit 1996 als Professor Neuere Deutsche Literatur an der Universität Hamburg. Außerdem ist er Stifter und Vorstand des Hamburger Instituts für Sozialforschung, das sechzig Mitarbeiter hat und sich aus dem Stiftungsvermögen finanziert. Dieses Institut wurde vor allem durch die beiden Wehrmachtsausstellungen bekannt, die die Verbrechen der deutschen Wehrmacht gegen Zivilisten während des Zweiten Weltkriegs thematisierten. Mit dieser Arbeit stellt sich Reemtsma seinem familiären Erbe, nimmt es an und richtet einen neuen Blick darauf – der rasante Aufstieg des großväterlichen Tabakkonzerns erfolgte nämlich vor allem in der NS-Zeit und basierte unter anderem auf der Nähe des Unternehmens zu den damaligen Führern in Politik und Wirtschaft.

Reemtsma ist gleichwohl bekennender Millionär, er pflegt den Lebensstil, der ihm in die Wiege gelegt wurde: vom dunklen Maß-anzug bis hin zur Villa an Hamburgs Elbchaussee. Verantwortung zu übernehmen im Sinne von Understatement heißt nicht, unangemessene Bescheidenheit zu demonstrieren, sondern sich selbstbewusst und authentisch seinem Erbe zu stellen. Es wäre falsch, seine Herkunft zu verleugnen. Dazu passt im Falle von Jan Philipp Reemtsma, dass er die Annahme des ihm verliehenen Bundesverdienstordens abgelehnt hat – ganz getreu der hanseatischen Tradition, sich selbst nicht so wichtig zu nehmen. Pures Understatement eben.

Understatement – der Stil der Freiheit

Dass Gaben, Geschenke und Talente große Verantwortung bedeuten und deswegen auch eine Last sein können, ist schnell ersichtlich. Wer noch ein bisschen genauer hinsieht, stellt fest: Geschenke bereiten auch Angst und Sorge. Stellen Sie sich nur mal einen Lottospieler vor, der etliche Millionen gewonnen hat. Klar, zuerst wird er die Korken knallen lassen: Nie mehr arbeiten! Keine finanziellen Sorgen mehr! Endlich das langersehnte Eigenheim! Das Auto! Die Jacht! Und dann? Schon bald klingelt der Berater von der Lottogesellschaft an der Tür und hält dem frischgebackenen Millionär einen Vortrag darüber, wer ihm jetzt alles wie und warum ans Leder will und dass er sich ja in Acht nehmen soll vor falschen Freunden, neidischen Verwandten und überhaupt vor dem Rest der Welt. Und so kommt es, dass Beschenkte nicht mehr Herr ihres Lebens sind, sondern sich von der Angst vor dem Verlust ihrer Geschenke versklaven lassen. Geld, das ihnen das Leben erleichtern soll, übernimmt auf einmal die Kontrolle. Sie regieren nicht mit ihren Talenten, sondern werden von ihnen regiert.

Nur wer wirklich souverän ist, wer seinen Selbstwert nicht aus dem beziehen muss, was er geschenkt bekommen hat, wer Verantwortung übernimmt und Verwalter und Vermehrer seines Erbes bar jeder Eitelkeit und Drang zur Selbstdarstellung wird, der ist frei. Auf den Punkt gebracht: Understatement bedeutet Sein statt Schein und damit Freiheit. Und es gibt einige Menschen, die irgendwann so frei sind, dass sie ihre Gaben verschenken können, ohne eine einzige Bedingung daran zu knüpfen. Ich kenne nur sehr wenige Menschen, die diesen Grad an Reife erreicht haben. Einer dieser Menschen ist Sabine Ball. Hier ist ihre Geschichte.

Einmal Jetset – und zurück

Die Geschichte „Vom Tellerwäscher zum Millionär" gegen den Strich gebürstet – das ist das Leben der Sabine Ball. Die gebürtige Königsbergerin erlebte im Zweiten Weltkrieg Vertreibung, Flucht und die Bombardierung Dresdens und verließ Deutschland als 24-Jährige, um in Amerika ein neues Leben zu beginnen, fernab ihres durch den Krieg zerstörten Heimatlandes. Eine Tante nahm sie unter ihre Fittiche und bot ihr ein Sprungbrett in die neue Welt: Sie fand eine Stelle als Hausmädchen, besuchte eine Hotelfachschule, wurde schließlich Managerin eines exklusiven Jachtclubs in Florida. Dort lernte sie Clifford Ball kennen, den steinreichen Erben einer Kohle-Dynastie. Der Multimillionär machte ihr einen Heiratsantrag, den die ehrgeizige Sabine nach kurzer Überlegung annahm. Schließlich hatte sie sich immer gewünscht, an der Seite eines mächtigen und reichen Mannes zu leben: repräsentieren, Spaß haben und zeigen, was man hat. Von nun an führte sie das auf den ersten Blick sorglose Dasein des internationalen Jetsets: Sie logierte in Villen rund um den Globus, plauderte mit US-Präsident Nixon und tanzte mit dem Schah von Persien.

Zehn Jahre später dann der Bruch: Sabine Ball spürt schon seit langem eine tiefe innere Leere, fühlt sich wie eine weiße Leinwand in einem edlen, vergoldeten Rahmen, führt ein Leben in der Warteschleife: bis zur nächsten Landung bei einer Cocktailparty. Sie bemerkt, dass ihr Mann schon um die Mittagszeit nach Alkohol riecht. Sie spricht ihn auf seine Sucht an: ohne Erfolg. Sie sehnt sich nach echtem Leben, nach verlässlichen Werten, nach Ehrlichkeit. Die Achtung vor ihrem Mann und auch ein bisschen vor sich selbst hat sie längst verloren. Sie verlässt ihren alkoholkranken Mann und zieht mit ihren beiden Söhnen nach Kalifornien. Das gebrannte Kind Sabine will von nun an ihren Kindern wahre Werte vorleben, abseits von Oberflächlichkeit und Luxus. Sie lernt Hippies kennen und fühlt sich von deren ursprünglicher und authentischer Lebensart angezogen. Sie kauft in Mendocino ein verfallenes Anwesen und gründet eine Kommune, die zu einem Treffpunkt für Hippies wird.

Anfang der siebziger Jahren findet sie zum christlichen Glauben, zu einer persönlichen Beziehung zu Gott: Angeregt von den „Jesus-

Freaks" unter ihren Hippie-Mitbewohnern beginnt sie, in der Bibel zu lesen. Die Bergpredigt und Jesu Aufruf zum Frieden berühren und bewegen sie wie kaum etwas zuvor. Sie will von nun an Gott dienen, ohne Wenn und Aber. Ehrenamtlich kümmert sie sich in dieser Zeit um Junkies, Straßenkinder und Prostituierte – und arbeitet als Putzfrau und Haushälterin. Sie pflegt Sterbende. Sie ist so zufrieden, glücklich und ausgefüllt, wie sie es in den zehn Jahren als Millionärsgattin nie war.

Nach der Wiedervereinigung Deutschlands 1992: Sabine Ball ist zu einem Besuch in Dresden – in der Stadt, in der sie die schrecklichste Nacht ihres Lebens erlebt hat, damals, als die Bomben alles in Schutt und Asche gelegt hatten. Bei ihren Streifzügen durch die Stadt kommt sie irgendwann in die Neustadt mit den abbruchreifen Häusern eines zu DDR-Zeiten völlig vernachlässigten Viertels. Hier leben Alternative, Punks, Träumer, Lebenskünstler, aber auch Jugendliche ohne Perspektive – und Straßenkinder, deren Eltern sich nicht einmal mehr um sich selbst kümmern können. Sabine Ball beschließt zu bleiben, zunächst für ein Jahr. Sie fühlt, dass sie hier gebraucht wird. In einem ehemaligen Schnapsladen gründet sie mit dem Verein Stoffwechsel e. V. eine Anlaufstelle für Kinder und Jugendliche bestehend aus einem Café, einem Secondhand-Laden und zwei Häusern für betreutes Wohnen. Alles wird bis heute – mehr als fünfzehn Jahre danach – ausschließlich durch Spenden finanziert. Und Sabine Ball ist immer noch da. Auch wenn sie die Leitung des Stoffwechsels e. V. mittlerweile abgegeben hat, schmiedet sie große Pläne. Weitere Treffpunkte soll es geben, eine neue Kreativwerkstatt. Damit ihre Arbeit weitergeführt werden kann, hat sie die Sabine-Ball-Stiftung ins Leben gerufen.

Ich habe die über 80-Jährige schon mehrmals persönlich getroffen. Sie ist eine wunderschöne charismatische Frau mit strahlenden Augen und stets aus dem Gesicht frisierten weißen Haaren. Ihr Outfit ist bescheiden und stilvoll. Sie hat alle Facetten der Gesellschaft kennengelernt: Reiche und Arme, Alte und Junge, Bürgerliche und Aussteiger, Mächtige und Ohnmächtige, Sieger und Verlierer. Dabei bleibt sie immer die Gleiche, ob sie es nun mit einem Ministerpräsidenten zu tun hat oder mit einem Punk. Ihre Echtheit hat nicht nur mich tief beeindruckt, sondern auch viele andere vor mir.

Durch Medienberichte über ihr Engagement ist sie bekannt geworden. Diese Popularität nutzt sie jedoch ausschließlich, um die Mittel für ihre Arbeit mit den Jugendlichen zu bekommen.

Christine Weber, ehemalige Staatsministerin für Soziales in der Staatskanzlei Dresden, hat über Sabine Ball gesagt: „Eine außergewöhnliche Frau! Ihre Ausstrahlungskraft, ihr Optimismus und ihr fester Glaube haben mich beeindruckt. Dieser scheinbare Abstieg ist der Aufstieg aus einer Welt des Scheins in die Welt des Seins." Und warum? Weil sie eine Beschenkte war, weil ihre Schönheit ihr die Tür zu einer Welt öffnete, die anderen verschlossen bleibt. Und weil sie dann sah, was hinter dieser Tür war, und beschloss, lieber andere zu beschenken, als von ihren eigenen Geschenken zu zehren.

Kapitel 2 – Nebelhorn: 2.224 Meter
Wer es nicht nötig hat, mit Gold zu glänzen

Haben Sie Lust auf einen Besuch in einem Schlösschen? Dann begleiten Sie mich doch auf meiner Fahrt zu Marie-Luise Fürstin zu Castell-Castell!

Die Reise beginnt im ICE nach Würzburg. Dort holt mich eine Geschäftspartnerin mit dem Auto ab. Gemeinsam fahren wir weiter – nicht über die Autobahn, sondern über Landstraßen, immer Richtung Südosten. Es ist ein wunderschöner milder Tag im Frühsommer, der Himmel ist blau, das frische Grün der Bäume leuchtet so intensiv, dass es uns fast blendet. Die Gegend wird nach und nach ländlicher, es begegnen uns kaum noch andere Autos auf den Straßen. Jetzt fahren wir durch die Weinberge, die so typisch sind für diese unterfränkische Idylle. In der Ferne erkennen wir die hügeligen Ausläufer des Steigerwalds. Die Straße ist löchrig und schmal. Ich fühle mich ein bisschen in meine Kinderzeit zurückversetzt. In der Gegend im Südwesten Deutschlands, aus der ich komme, sahen die kleinen Landstraßen auch so aus.

Wir passieren das Ortsschild von Castell, einem kleinen Weinort. Hier wohnen etwas mehr als 800 Menschen. Neben den Weingütern der Winzer prägen eine große spätbarocke Kirche und verschiedene herrschaftliche Häuser das Ortsbild. Mitten im Dorf liegt das Schloss – ein geschmackvoll-dezenter Barockbau in Gelb, Stammsitz der Fürsten und Grafen zu Castell-Castell. Wir fahren die kleine Anhöhe hinauf, auf der das Schloss liegt. Hier residiert der jüngste Sohn der Fürstin zu Castell-Castell. Er verwaltet das Familienerbe. Zu ihm wollen wir aber nicht. Unser Besuch gilt der Fürstin selbst, und sie wohnt mit ihrem Mann im sogenannten „Schlösschen", zwei Straßenzüge hinter dem Schloss. Das macht diese Familie schon seit Jahrhunderten so: Wenn sie einen neuen Erben mit der Verwaltung des Familienbesitzes und der Wirtschaftsbetriebe betraut, dann ziehen die Eltern aus dem Schloss aus und nehmen Quartier im Schlösschen. Dieses Gebäude scheint aus der Zeit um die vorletzte Jahrhundertwende zu stammen, ist ungefähr so groß wie ein komfortables Einfamilienhaus und liegt idyllisch am Rande des Weinbergs mit Blick auf den Ortskern, die alte Kirche und das Schloss.

Wir stellen das Auto auf dem Parkplatz ab. Was mir als erstes auffällt, ist der wunderschöne Garten, der das Schlösschen umgibt. Hier blühen Blumen in allen Größen und Farben, es wachsen prächtige Kräuter und Beerensträucher. Und da kommt sie uns auch schon entgegen: Marie-Luise Fürstin zu Castell-Castell. Die 77-Jährige trägt ein schlichtes taubenblaues Kleid, die grauen Haare sind nach hinten gesteckt, die wachen und lebenslustigen Augen hinter der etwas altmodischen Brille leuchten. Schmuck trägt sie kaum, ihre Schuhe sind eher derb. Ihrem Outfit schenkt sie nicht die meiste Aufmerksamkeit in ihrem Leben, das ist klar. Es scheint vielmehr geprägt von einer bodenständigen Zweckmäßigkeit. „Guten Tag, Herr Wälde", begrüßt mich die Fürstin herzlich.

Und jetzt fühle ich mich in meinem Element. Denn wenn ich es mit Adeligen zu tun habe, erkundige ich mich immer im Vorfeld bei deren Mitarbeitern, wie die Herrschaft denn nun angesprochen werden will. Von den Mitarbeitern des Fürstenhauses erhielt ich die Auskunft: „Sagen Sie einfach: ‚Durchlaucht'!" Ganz einfach also, nun gut. Als die Fürstin und ich uns nun auf dem Parkplatz begrüßten, fragte ich sie lieber noch einmal direkt, welche Anrede ihr denn am liebsten sei. Sie antwortete: „Fürstin Castell' reicht!" Sie erzählte, dass viele Menschen, gerade auch im Dorf, nicht wissen, wie sie sie anreden sollen und dann lieber gar nichts sagen. Deswegen sei eine große Distanz zu spüren, obwohl sie schon seit Jahrzehnten in dem unterfränkischen Weinort lebe. Doch die Beiläufigkeit der Bemerkung lässt erkennen, dass sie mit der Situation gut umgehen kann.

Die Fürstin bittet uns ins Haus. Der geräumige, mit großen Holzdielen belegte Eingangsbereich und die breite Treppe in den ersten Stock strahlen stilvolle Bodenständigkeit aus. Wir könnten auch in einem Bilderbuch-Forsthaus sein. Die Garderobe besteht aus simplen Kleiderhaken aus Holz, die an der Wand befestigt sind. Das sieht nach handgefertigter und hochwertiger Maßarbeit aus, genauso wie die Lodenmäntel an den Haken und die rahmengenähten Schuhe darunter. Das ist alles überhaupt nicht schick oder modisch oder sonst irgendwie auffällig, dafür praktisch, klassisch-geschmackvoll, zeitlos, extrem hochwertig und mit Lebens- und Gebrauchsspuren versehen. Mit einem Wort: gelebtes Understatement. Chi-Chi? Fehlanzeige. Hier wird nichts zur Schau getragen. Sondern hier trägt man gute Sachen möglichst lange.

Diese Haltung gegenüber materiellen Dingen strahlen auch die Unternehmen der fürstlichen Familie aus: die Castell-Bank, die älteste Privatbank Bayerns, das Weingut, das Fürstlich Castell'sche Domänenamt und die Fürstlich Castell'sche Forstverwaltung. Alles geschäftliche Handeln ist geprägt von Wertorientierung, Unabhängigkeit und einem ebenso unverwechselbaren wie unaufdringlichen Stil – dem Stil des echten, nachhaltigen Erfolgs. Für seine Weine erhielt das Gut im Weinguide von Gault-Millau vier von fünf möglichen Trauben und gilt dort als exzellenter Betrieb, der zur deutschen Spitze gehört.

Entscheidend für den Erfolg dieser Familienunternehmen ist für mich eines: Das Erbe wurde nie aufgeteilt! Ja, Sie haben richtig gelesen: Erben kann hier immer nur einer der Nachkommen. Der Rest geht nahezu komplett leer aus. Die fast 1.000-jährige Tradition der Familie gibt vor, dass der Besitz immer nur von einem einzigen Familienmitglied verwaltet wird – nicht etwa verprasst! Und das auch nur von dem geeignetsten Erben, nicht automatisch vom erstgeborenen. Die anderen Söhne und Töchter des Hauses hatten und haben sich dann eben einen guten Job zu suchen. Diese Familie lehnt eines völlig ab: den vordergründigen Gedanken individueller Konsumgerechtigkeit. Mit ihrem Reichtum geht sie überaus reflektiert um. Ihr bedingungsloses Ziel ist es, das Erbe zu erhalten, zu verwalten und zu vermehren, um es an die nächste Generation weiterreichen zu können. Und dazu passt nun mal kein Tand.

Inseln zwischen Schein und Sein

Ein bisschen Kontrastprogramm gefällig? Dann reisen Sie in Gedanken mit mir weiter auf die Nordseeinsel Sylt. Kommen Sie mit auf eine augenzwinkernde Reise zu einem lebenden Klischee. Lassen Sie uns ein wenig Spaß haben. Vielleicht waren Sie ja schon einmal da und kennen das alles: das Verladen der Luxuslimousinen, Sportwagen und Cabrios auf den Autozug, die Überfahrt, die Ankunft auf der Insel, das Warten darauf, dass man endlich vom Zug wieder herunterfahren kann. Dann wissen Sie auch, dass sich spätestens hinter dem Bahnhof Westerland die Geister scheiden: Nach links biegen diejenigen ab, die in Bettenburgen Marke Plattenbau West einfach nur Ferien machen wollen, nach rechts die anderen. Last exit Kampen, lautet ihre Devise. Vorher noch mal Kickdown ...

In Kampen geht dann so richtig die Post ab. Luxusboutiquen in reetgedeckten Häusern – Ku'damm trifft Nordseedamm. So viele dicke S-Klassen mit verdunkelten Scheiben und röhrende Ferraris und Lamborghinis stehen sonst nur bei Auto Becker in Düsseldorf auf dem Hof. So manche Klunker der Passanten hätte man eher auf dem Rodeo Drive in Beverly Hills vermutet als hier zwischen den Dünen. Hier fließt schon am frühen Nachmittag der Champagner in Strömen und die Austern erleben selten den Sonnenuntergang. Immerhin: Die Leute scheinen Spaß zu haben, und wem's gefällt, der möge hier selig werden. Doch sind das alles Kennzeichen echten Erfolgs? Da habe ich meine Zweifel. Mich erinnert das eher an die Fernsehserien der Achtziger – bloß ist hier alles vierundzwanzig Stunden lang live.

Reisen wir also weiter. Ich kenne da nämlich noch eine andere Insel, gar nicht weit weg. Für mich ist das die Insel des echten Understatements. Ich spreche von Juist. Gut, die Kampener Society würde hier das eine oder andere vermissen. Ihre Luxusautos zum Beispiel. Die Insel ist nämlich komplett autofrei, nur der Notarzt darf einen Wagen haben. Wie kommt man auf die Insel? Es gibt eine Personenfähre. Und einen Parkplatz an der Küste. Die Fähre verkehrt einmal am Tag, die Abfahrtszeit richtet sich nach den Gezeiten und nicht nach der Happy Hour irgendwelcher Strandbars. Auf der Insel selbst stehen den Gästen Pferdetaxen zur Verfügung. Die sind umweltfreundlich, praktisch und machen so richtig Spaß. Es gibt auf Juist weder Flaniermeilen noch Edelboutiquen, Austernbars sucht man vergeblich, Champagnerstände auch: Protzen geht hier einfach nicht. Die Menschen brauchen einfach nur etwas weniger zum Glücklichsein

Damit wir uns nicht falsch verstehen: Man trifft auf der Insel Juist durchaus Menschen, die sich all die Insignien des Reichtums leisten könnten – wenn die ihnen auch nur ein Quantum mehr an Lebensqualität brächten. Für diese Menschen – darunter zahlreiche Prominente – sind jedoch im Urlaub andere Dinge bedeutender: Ruhe, Zeit, Ungestörtheit. All das finden sie auf dieser Insel. Das Wichtigste aber: Auch Promis können hier abtauchen in die Normalität. Das ist für sie der größte Luxus. Auf Juist kann man sich auf das Wesentliche konzentrieren. Man kann Dinge tun wie zum Beispiel – Bücherschreiben. Unter uns: Dieses Buch ist auch auf Juist entstanden.

Das Einzige, was stört, ist ein quietschgelber 7er-BMW

Raten Sie mal: Woher könnte der folgende Text entnommen sein?

„Das Material ist wirklich ungewöhnlich und entspringt fernöstlicher Huttradition. Ein Seidenfaden wird mit Reispapier versponnen und das so entstandene Garn mit einer Bandflechtmaschine zu schmalen Bändern verarbeitet, die zusammengenäht diesen sehr haltbaren, weichen und körperklimatisch günstigen Gartenhut formen."

Erraten? Genau: Das steht im Katalog des Versandhauses Manufactum. Ich habe eine ausgesprochene Schwäche für diese Produkte und für die Geisteshaltung, die ihnen zugrunde liegt. Manufactum-Produkte bieten immer etwas, das sowohl über den reinen Nutzwert als auch über bloße Demonstration von Wohlstand hinausgeht. Sie sind langlebig, schlicht und auf das Wesentliche reduziert. Erinnern Sie sich nur an die Lodenmäntel, die an der Garderobe der Fürstin zu Castell-Castell hingen – die könnten gut aus dem Manufactum-Sortiment stammen. Loden ist aus einem jahrhundertelang bewährten Material hergestellt, nämlich aus Wolle. Es wärmt, weist Wasser ab, ist atmungsaktiv und selbstreinigend. Kommt nun noch traditionelle Handwerkskunst in Form von perfekt gearbeiteten und strapazierfähigen Nähten sowie schlichte Schönheit im Schnitt hinzu, haben wir diese spezielle Mischung, die nicht nur Manufactum-Produkte, sondern alle Dinge ausmacht, die Understatement verkörpern. Sie sind hochwertig, langlebig und einfach schnörkellos.

Menschen, die auf Understatement setzen, besitzen und benutzen nicht irgendwelche Dinge, bloß um anderen damit zu imponieren. Nichts gegen Besitzerstolz, aber das wäre ihnen einfach zu wenig. Für sie haben Dinge ein Mehr an Wert, vielleicht weil sie mit einem Erbe verbunden sind wie ein Ring, der jeweils von den Frauen in der Familie an die älteste Tochter vererbt wird. Vielleicht verknüpfen sie diese Dinge aber auch mit einer bestimmten Ethik und kaufen sie, weil sie damit andere Menschen oder eine Kooperative unterstützen wollen.

Ich persönlich habe seit Jahren drei Maximen, nach denen ich mein Konsumverhalten ausrichte. Erstens: Ich kaufe grundsätzlich nichts, um andere zu beeindrucken. Zweitens: Ich kaufe etwas, weil ich es brauche oder weil ich mir etwas gönnen will. Drittens: Das, was ich kaufe, besticht durch schlichte Eleganz und Langlebigkeit.

Etwas zu kaufen oder zu besitzen, was andere beeindruckt, hat natürlich eine große Tradition. Jahrhundertelang haben weltliche und geistliche Herrscher ihre Macht durch Prunkbauten, Gold, Diamanten, prachtvolle Kleidung, Glas und Porzellan ausgedrückt. Die soziale Wirklichkeit war nicht immer danach, doch das ist eine andere Geschichte. Mit der industriellen Revolution begann das Bürgertum, das Repräsentationsstreben des Adels nachzuahmen und seinen Reichtum ähnlich zu demonstrieren. Je edler der Zwirn am Leib, je mehr Pferde vor der Tür, desto besser. Bis auf den heutigen Tag haben nicht nur Großbürger dieses kulturelle Erbe der Industriegesellschaft verinnerlicht (Jetzt zieh' ich mal was Dolles an, dann bin ich was Besseres). Kinder wachsen heute noch so auf – in diesem streng vertikal hierarchisierten System der angesagten Dinge, Markenkleidung beispielsweise. Da steht dann bei Teenagern die Jeans von C&A ganz unten und die von Tommy Hilfiger ganz oben. Die Maxime lautet dementsprechend: je höher und mehr davon, desto besser. Die Auswüchse dieser Kultur können wir täglich in den Boulevardmedien sehen: Menschen, die den Schein lieben, die versuchen, sich zu inszenieren, ihr Leben durch Konsum, durch Produkte, durch Marken aufzuwerten und wichtiger zu erscheinen als andere.

Manchmal treibt das auch irgendwo im ländlichen Deutschland seltsame Blüten. Da gibt es etwa Menschen, die im Fabrikverkauf bei Boss in Metzingen auf der Schwäbischen Alb ihre Anzüge einkaufen. Damit auch jeder mitbekommt, dass sie sich einen Boss-Anzug leisten können, lassen sie sicherheitshalber das kleine Label-Schildchen am Ärmel dran – das eigentlich nur dazu gedacht ist, diesen Anzug auf der Kaufhaus-Stange neben den 586 anderen als Boss-Anzug zu kennzeichnen. Da macht es dann auch nichts, dass der Anzug weder zum Typ des Trägers passt noch richtig sitzt. Hauptsache, die Marke stimmt. Besser wäre man mal zum eingesessenen Herrenausstatter zu Hause in Pforzheim gegangen, hätte sich gut beraten lassen und dann zu einem angemessenen Preis einen Anzug gekauft, in dem man tatsächlich angezogen aussieht.

Ein weiteres schönes Beispiel kommt mir dazu in den Sinn: Ich kenne einen mittelständischen Unternehmer in Hessen. Ich schätze ihn sehr, weil alles, was er tut, Hand und Fuß hat und authentisch wirkt. Er ist bodenständig und integer. Aufgesetztes Gehabe ist ihm ein Graus. Eigentlich. Wenn da der kanariengelbe 7er-BMW in seiner Garage nicht wäre! Aber dieses Auto – erkennbar eine Sonderanfertigung, denn wer hat schon je einen quietschgelben 7er-BMW beim Händler stehen sehen? – passt weder zum ihm, noch zu seinem Lebensstil, noch zu seinem Unternehmen. Nun gut. Wahrscheinlich kann man einiges bei Menschen auch einfach als Verschrobenheit abhaken.

Wer es nötig hat, mit Luxusartikeln zu beeindrucken, scheint eine schwache Vorstellung davon zu haben, wie viel beeindruckender er durch Ausstrahlung und Persönlichkeit sein könnte! Wer es nötig hat, mit Gold zu glänzen, dem fehlt für mich einfach das innere Strahlen. Denn wer von innen heraus und ganz ohne Gold strahlt und glänzt, der findet dann auch Dinge, die wirklich zu ihm passen und die er wirklich braucht, und nicht das, von dem er meint, dass man es haben müsste, weil man sonst nicht dazugehört.

In der Leerlaufdrehzahl nicht zu schlagen

Aber zurück zu meiner Liste mit den Maximen. Die zweite heißt: Ich kaufe etwas, weil ich es brauche – also Dinge des täglichen Bedarfs – oder weil ich mir etwas gönnen will. Das kann etwas sein, das mich an einen besonderen Moment in meiner Biographie erinnern soll und deswegen mit Bedacht ausgewählt ist. Wenn ein Mann seiner Frau zur Geburt des gemeinsamen Kindes ein schönes Schmuckstück schenkt, beispielsweise. Dieser Gegenstand dient dann nicht dazu, andere zu beeindrucken, sondern hat für diese beiden Menschen – den Schenker und die Beschenkte – eine besondere Bedeutung und repräsentiert diesen ganz besonderen und intensiven Moment, in dem das gemeinsame Kind auf die Welt kam.

Immer wenn ich auf die Uhr schaue, denke ich an einen ganz besonderen Moment in meinem Leben, nämlich an die Verlagsverhandlungen für ein wichtiges Buch. Nachdem ich zufrieden das Verlagsgebäude verlassen hatte, zog ich los und befand, dass ich mir gerne selbst ein Geschenk machen würde – etwas, das mich später immer an diesen Moment voller Motivation, Aufbruchstimmung und guter Laune erinnern sollte. Also kaufte ich mir eine Armbanduhr, mit der ich schon lange geliebäugelt hatte, ein schlichtes, elegantes und hochwertiges Stück. Ich trage sie immer bei mir – allerdings in der Hosentasche, nie am Handgelenk.

Einer meiner Freunde, ein Unternehmensberater und leidenschaftlicher Modellautosammler, macht das übrigens auch gerne: sich beschenken. Er zelebriert dazu ein regelrechtes Ritual: Drei- oder viermal im Jahr, wenn er einen kleinen oder größeren Meilenstein erreicht hat oder ihm etwas so richtig gut gelungen und er deswegen stolz auf sich ist, nimmt er sich einen halben Tag frei. Sagt seiner Sekretärin, dass er für niemanden mehr zu erreichen ist, lockert den Krawattenknoten, wirft das Jackett über die Schulter und zieht so frohgemut los, als ginge es darum, die Schule zu schwänzen. Sein Ziel ist die größte Spielwarenhandlung der Stadt. Dort sucht er sich in aller Ruhe ein neues Modellauto für seine Sammlung aus. Er macht alle Türen und Hauben auf und zu, schaut sich alles an und lässt sich jedes Detail erklären. Materieller

Wert des Objekts seiner Begierde: vielleicht 50 Euro. An der Kasse lässt er sich das Auto als Geschenk einpacken und steuert anschließend sein Lieblings-Café an. Bei einem Cappuccino packt er dann genüsslich sein Geschenk aus. Das ist für ihn Belohnung und Lebensgenuss in einem. Ich finde das sehr berührend. Es symbolisiert: Er ist es sich wert, sich selbst zu beschenken. Und das hat nichts, wirklich gar nichts damit zu tun, andere zu beeindrucken, denn er macht das ganz für sich allein.

Ich glaube, Menschen, die Understatement betreiben, haben immer einen Anlass, sich etwas zu kaufen. „Ich konsumiere, also bin ich" funktioniert bei ihnen nicht, das reicht als Schlüsselreiz nicht aus im Gegensatz zu einer maßstabslosen Haltung des „immer Mehr", die ja gar keinen würdigen Anlass mehr für ihre Konsumwut hat – außer ihrer hohen Leerlaufdrehzahl.

Sinnlos, zwecklos, nutzlos

Aller guten Maximen sind drei. Fehlt noch diese hier: Das, was ich kaufe, ist elegant, hochwertig, langlebig, und es erfüllt seinen Zweck. Ich könnte es auch so sagen: „Form follows function" – das ist die klassische Formel für gutes Design und gleichzeitig die Maßgabe des Understatements. Das Gegenteil sind Dinge, bei denen Effekthascherei alles ist. Ein schlimmes Beispiel für einen Gegenstand, der zwar eine schöne Form hat und sicherlich auch hochwertig im Sinne von teuer ist, aber deswegen noch lange nicht funktioniert, ist die raketenförmige Zitronenpresse von Philippe Starck. Dieses Küchengerät ist wohl einer der bekanntesten Entwürfe des französischen Stardesigners, aber auch einer der umstrittensten. Denn dass dieses edle Teil seinen Zweck nicht erfüllt, ist schon länger bekannt: Es hat kein Gefäß, das den Saft auffangen würde, und auch kein Sieb, das die Kerne zurückhält. Mancherorts wird es folgerichtig als „Artefakt mit Gebrauchsfunktion" bezeichnet. Reizend. Understatement wäre es aber nur, wenn es auch funktionierte. Für mich persönlich tut's darum eine schlichte Zitruspresse aus Plastik. Wenn ich nämlich nur dreimal im Jahr eine Zitrone auspresse, muss ich daraus keinen Kult machen.

Überhaupt: die sogenannten Designerküchen. Kaltes Metall am laufenden Meter, Hightech, den man ohne Support von der Hotline nicht bedienen kann, nur dazu da, gelegentlich auftauchenden Claqueuren zu signalisieren: Seht her, ich habe 120.000 Euro investiert und vor drei Jahren das letzte Mal etwas gekocht, weil ich ja so schwer beschäftigt und sowieso die meiste Zeit des Jahres unterwegs bin. Immerhin: Der stolze Eigner hat was für die Binnennachfrage getan und die Wirtschaft angekurbelt.

Dabei bin ich durchaus schon selbst auf etwas hereingefallen, das schön schien, aber längst nicht das gehalten hat, was es versprochen hatte. Nach dem Ende eines geschäftlichen Termins in München ging ich noch schnell in die Innenstadt. Ich wollte meiner Frau ein nettes Geschenk besorgen. Wie viele Frauen hat sie eine Schwäche für Accessoires, also steuerte ich eine Edel-Boutique an. Hier findet man sehr schöne, qualitativ hochwertige und zweckmäßige Aufmerksamkeiten für die Herzensdame – dachte ich.

Schön und exquisit war das plissierte Seidentuch in der Tat, das ich für meine Frau aussuchte. Die Verkäuferin pries das Tuch, in vielen verschiedenen Varianten könne man es anziehen, so und so und wieder ganz anders um den Hals der Trägerin drapieren. Ilona freute sich dann auch sehr, als sie das Tuch aus dem edlen Geschenkpapier wickelte. Leider hat sie es bis heute kein einziges Mal getragen. Es ist ein kleines bisschen zu kurz, um es wirklich auf die bestimmte Art zu tragen, die die Verkäuferin mir geschildert und die mich davon überzeugt hatte, es zu kaufen. Ein schönes Teil, wie gesagt, aber dennoch – nutzlos.

Mir fallen noch mehr Dinge ein: Ein Edelfüller, dekorativ auf dem Schreibtisch platziert, aber nie genutzt, weil der Besitzer mit – für die empfindliche Feder – viel zu starkem Druck schreibt und deswegen billige Plastikkugelschreiber vorzieht; eine S-Klasse, deren Besitzer sich nicht traut, in ein Parkhaus mit schmalen Ein- und Ausfahrten zu fahren, weil er Angst hat, die in Wagenfarbe lackierten Stoßfänger – wie praktisch, solche Dinger! – zu verkratzen; ein teures Designer-Mäntelchen, das noch nicht einmal drei Regentropfen standhält; ein Steinway-Flügel im Wohnzimmer, auf dem keiner spielt; ein Swimmingpool im Garten, der zum Schwimmen viel zu klein ist. Das alles ist zwar edel und teuer, aber nützt niemandem etwas. Und was nutzlos ist, kann man auch weglassen.

Die Ästhetik des Understatements

Nutzlose Extras, Zweckentfremdungen, Plagiate – das braucht kein Mensch. Produkte, die Understatement ausstrahlen, zeichnen sich vielmehr durch Qualität und einen Mehrwert aus, der nicht nur durch vortreffliche Verarbeitung entsteht. Ein Musterbeispiel für die Ästhetik des Understatements sind für mich, neben dem Manufactum-Sortiment, die Taschen aus dem Hause Bree. Sie haben kein großes Logo, das auf den Stücken prangt. Überflüssigen Schnickschnack gibt es nicht. Sie überzeugen vielmehr durch hochwertige Materialien, handwerkliche Meisterschaft, solide Nähte, zurückhaltende Applikationen, eine schöne Optik und hohe Funktionalität. Bree-Taschen-Träger wissen: Diese Stücke sind zuverlässige Alltagsbegleiter, und zwar für die nächsten zwanzig Jahre. Und sie stehen nicht im Mittelpunkt. Nicht die Tasche ist die Botschaft, sondern immer noch deren Trägerin oder Träger.

Dasselbe gilt, zumindest in meinen Augen, für die Apple-Produktpalette. Denken Sie an das iPhone. Es besticht nicht nur durch schlichtes Design, sondern es ist auch noch absolut einfach und intuitiv zu bedienen! Das hat mich wirklich überrascht. Es gibt einen einzigen Knopf für das Hauptmenü, den drückt man, und die restlichen Funktionen erschließen sich von allein. Deswegen kommt dieses Gerät auch ohne Gebrauchsanweisung oder Handbuch aus. Das ist doch die reinste Freude, oder? Ich hatte schon damit gerechnet, dass ich, wie bei meinem vorherigen Handy, keinen einzigen Handgriff ohne gezückte Bedienungsanleitung würde tun können, aber mit dieser Einschätzung lag ich gänzlich daneben. Mit das Genialste am iPhone: Es gibt einen Schalter an der Seite, mit dem man das Gerät stumm schaltet. Das ist eine echte Erleichterung. Wenn ich ins Konzert gehe und mir fällt erst in dem Moment, in dem der Dirigent den Taktstock für den ersten Einsatz hebt, ein, dass ich vergessen habe, das Handy auszuschalten, dann muss ich es noch nicht einmal aus der Jacketttasche kramen. Ich greife einfach hinein, ertaste sofort den Stummschalter, drücke drauf und fertig.

Oder denken Sie an das MacBook Air von Apple. Auch die überzeugen durch schlichte Eleganz und hohe Funktionalität, sind auf das

Wesentliche reduziert und dabei ungemein innovativ. Der Rechner ist beim iMac in den Monitor integriert. Oder umgekehrt – je nachdem, wie Sie es betrachten wollen. Endlich vorbei die Zeiten, in denen riesengroße und hässliche Kisten unter den Schreibtischen herumstanden, die Beinfreiheit beschnitten und bei jedem Zugriff auf die Festplatte einen irren Krach machten.

Sicher: Apple ist eine Kultmarke für den Massenmarkt geworden und Puristen deswegen schon wieder verdächtig. Der Stil des Understatements zeigt sich hier aber nach wie vor sowohl im Design als auch in der Qualität. Leider gehen die Benutzer oft nicht understatet damit um, sondern tragen das iPhone in der Hülle mit dem deutlich sichtbaren Label herum. Dabei hätten sie auch eine schlichte, Langlebigkeit versprechende Hülle aus Leder nehmen können – ohne Apple-Logo.

Wie viel Auto braucht der Mensch?

Ein großes, für die meisten männlichen Exemplare der Spezies Mensch durchaus emotional besetztes Thema sind natürlich Autos, die Statussymbole schlechthin, deren Image die Persönlichkeit des Halters widerspiegeln soll. Für die Anschaffung von Autos werden Kredite aufgenommen, Lieferzeiten in Kauf genommen, Entbehrungen ertragen. Es werden Unsummen in Extras investiert: Sportfahrwerk, Leichtmetallräder, Edelholz & Co. Manch ein Mann mag sich besser im Innenleben seines Autos auskennen als im Seelenleben seiner Frau.

Saab und Volvo sind dagegen seit den siebziger Jahren die klassischen Understatement-Autos. Auch heutzutage transportieren diese Fahrzeuge ein Image von Sicherheit, Seriosität und einer gewissen Exklusivität. Dass Saab mittlerweile von General Motors vollständig übernommen wurde und Volvo zu Ford gehört, tut dem keinen Abbruch. Für mich ist ein Saab nach wie vor ein sehr understatetes Auto: Schnickschnack gibt es hier nicht, das Auto ist hochfunktional, sehr wertig und qualitätvoll ausgestattet. Optik und Haptik sind „down to earth", ehrlich und schlicht.

In England gibt es da allerdings ein Auto, das für die wenigen, die es sich leisten können, Understatement in Reinkultur repräsentiert: den Bristol Blenheim 3. Nie gehört? Na bitte! Schon das freut den Besitzer des einen sechsstelligen Pfundbetrag teuren Fahrzeugs. Bristol gilt als höchst exklusiver und ziemlich verschrobener Kleinstserienhersteller, der in einer Hinterhofwerkstatt nur eine Handvoll Automobile pro Woche fertigt. Wer eines davon haben will, muss also ziemlich lange warten. Und einen Listenpreis gibt es für diese Autos auch nicht – es kostet, was es eben kostet. Es ist für Menschen gemacht, die Wert auf das Beste legen und denen nutzlose Spielereien, computergesteuerte Innereien und PS-Zahlen – der Hersteller nennt keine Leistungsdaten – unwichtig sind. Bristols sind dabei absolut keine schicken Autos, deren Wertigkeit sich auf den ersten Blick erschließt. In ihrem Siebziger-Jahre-Outfit kommen sie unscheinbar daher. Mir gefällt das Design überhaupt nicht. Der Firmenvorstand Tony Crook ist allerdings bekannt für seine rigorose Haltung gegenüber den heutzutage produzierten, oft minderwertigen Serienanfertigungen der großen Automobilkonzerne. Er ist ein Traditionalist, dem perfekte Rundumsicht für den Fahrer wichtiger ist als Designeffekte und der auf hochwertige Materialien und überragende Verarbeitungsqualität setzt. Deswegen kann sich Bristol seit sechs Jahrzehnten in einem mittlerweile um die meisten Kleinserienhersteller bereinigten Markt behaupten. Der Bristol Blenheim 3 ist sicherlich absolute Luxusklasse, und dennoch pures Understatement. Es ist nicht dafür gemacht, die Aufmerksamkeit der Massen auf sich zu lenken oder die Blitzlichtgewitter der Klatschreporter auf dessen Insassen niedergehen zu lassen.

Mich erschreckt dagegen manchmal, wie sehr sich Mercedes vom Ideal des Understatements entfernt hat. Mercedes hatte immer viel Prestige, aber die Fahrzeuge waren früher eher schlicht und gleichzeitig hochwertig. Die Grundausstattung beschränkte sich auf das Wesentliche, dafür gab es manches schrullige Detail wie die knarrende Fußfeststellbremse oder das riesige Lenkrad. Die neuesten Modelle haben sich dagegen dem derzeit herrschenden Retrotrend unterworfen, sie sind extrem aufgestylt, alle Details – viel Chrom, hier eine Kante, dort ein Wulst – sind auf Effekt ausgerichtet. Die Innenausstattung wirkt dafür – vor allem bei den kleinen A- und B-Klasse-Modellen – oft nicht besonders wertig. Das Schlimmste aber: In der Pannenstatistik ist Mercedes von einem absoluten Spitzenplatz ins Mittelfeld abgerutscht. Dem Unternehmen ging es offenbar in den letzten Jahren nur noch um das schnelle Geld. Mit Understatement hatte das nichts mehr zu tun. Hoffen wir, dass man sich in Stuttgart nach dem Ende des Weltkonzern-Experiments mit Chrysler wieder mehr auf alte Werte besinnt. Erste Ansätze dazu sind erkennbar.

Bleibt also – von englischen Exoten abgesehen – doch nur Saab oder Volvo? Nicht ganz. Denn mein ultimatives Understatement-Auto kommt ebenfalls aus dem Hause Daimler. Ich meine den Smart! „Reduziert auf das Maximum" hieß der Werbespruch zur Markteinführung vor gut einem Jahrzehnt. Auf Englisch zwar, aber auf Deutsch versteht man ihn auch. Und tatsächlich: Der Smart bietet alles, was ein Auto braucht. Nicht mehr und nicht weniger. Zu wenig Platz? In einem Auto sitzen im Durchschnitt 1,53 Personen – und genießen im Smart reichlich Sitzkomfort, ein einzigartig minimalistisches Design und zahllose mögliche Farbkombinationen. Der Smart bringt einen überall hin, wo man mit einem anderen Auto auch hinkäme, und passt dann noch in fast jede Parklücke. Muss ich noch erwähnen, dass ich selbst Smart fahre? Mit meinem Smart fahre ich aber ohnehin am liebsten zum nächsten Bahnhof und steige dann in einen ICE um, der schneller in Köln oder Frankfurt ist als jeder Sportwagen. Meine Frau fährt übrigens einen BMW. Und ich habe gar nichts dagegen.

Samstagmorgen, 8 Uhr: It's showtime!

Erneuter Szenenwechsel. Wir sind in der Lobby eines Hotels. Sie ist groß. Sehr groß. Direkt gegenüber dem gläsernen Eingangsportal ein riesiger goldener Tisch mit kunstvoll gedrechselten Beinen, auf dem ein überdimensionierter Rosenstrauß steht. Überall glänzender Marmor und Kronleuchter. Außerdem eine große Treppe mit goldenem Geländer. Sie führt auf die Empore, die die gesamte Lobby umgibt. Im hinteren Bereich ist ein breiter Durchgang zu sehen, der in weitläufige Konferenzräume überzugehen scheint. Portiers mit weißen Handschuhen eilen durch die Halle. Dieser Ort ist beeindruckend prächtig.

Ich bin eigentlich nur aus Neugierde hier. Vor meinem Termin, der in der DB Lounge des dem Hotel gegenüberliegenden Hauptbahnhofs stattfindet, habe ich noch ein paar Minuten Zeit. Diese Zeit wollte ich nutzen, um einen Blick in dieses berühmte Hotel mit langer Geschichte zu werfen. Und ich frage mich, warum mich der Mann, den ich gleich treffen werde, zu unserem Termin nicht in dieses prachtvolle Hotel eingeladen hat, wie es viele Geschäftsleute an seiner Stelle getan hätten. Ich kehre der prunkvollen Lobby also den Rücken, eile über den Platz zum Hauptbahnhof und steuere die DB Lounge an. Noch ein paar Stufen die Treppe hoch, dann bin ich da. Eine kleine Bar, ein paar Sesselchen, mit Ausblick auf Gleis 1 des Hauptbahnhofs. Hier wartet der Unternehmer Michael Nölke auf mich, einer der vier Inhaber von Gutfried.

Nach dem Ende unseres Gesprächs, ich sitze schon wieder im Zug nach Hause, ist mir klar, warum wir uns in der DB Lounge und nicht im feinen Hotel getroffen haben. Herr Nölke hatte es nicht nötig, mich mit weißbehandschuhtem Personal und der goldenen Künstlichkeit des ersten Hauses am Platze zu beeindrucken. Ihm war eine neutrale Umgebung wichtig, damit wir uns auf unser Gespräch konzentrieren konnten. Hätte er mich blenden wollen, hätte er wohl auf die schicke Location zurückgegriffen. Weil er das aber nicht wollte, konnte er die Finger davon lassen. Er wusste: Ein, zugegebenermaßen, schicker und in gewisser Weise exklusiver Wartesaal der Bahn – schließlich darf man hier nur mit Erste-Klasse-Ticket oder als Vielreisender hinein – reichte ihm völlig aus, für das, was er beabsichtigte: mich kennenzulernen und unter vier Augen eine Beziehung aufzubauen. Dafür benötigte er weder Gold noch Glanz.

Diese Episode symbolisiert ganz gut, um was es mir in diesem Kapitel in letzter Konsequenz geht: Ich möchte Ihnen den Unterschied zwischen einer „Imageethik" und einer „Werteethik" beschreiben. Wer sich von einer Imageethik regieren lässt, der richtet sein ganzes Verhalten normativ auf das Bild aus, das er projiziert. Und das ist beileibe keine Angelegenheit der oberen Zehntausend, sondern auf allen gesellschaftlichen Ebenen zu beobachten. Sogar bei den Menschen, die sich Bescheidenheit und strebsamen Fleiß auf die Fahnen schreiben, mehr noch – bei denen diese Tugenden in den Genen verankert zu sein scheinen: den Schwaben. Ich bin selbst einer, deswegen weiß ich sehr gut, wovon ich hier rede.

Einer meiner Jugendfreunde aus Schwaben, meiner Heimat, erzählte mir einmal, wie sie bei ihm in der Familie ihr Image als fleißige, strebsame und disziplinierte Schwaben polierten. Diese schwäbische Imageethik ging so: Reihum war eines der Kinder am Samstagmorgen dafür verantwortlich, spätestens um 8 Uhr die Bettdecken aus dem Fenster zu hängen und zu lüften, und zwar aus den Fenstern, die zur Straße und zu den Nachbarn gingen. Damit alle sehen konnten: Oha, da wird nicht mehr geschlafen und getrödelt, sondern „ebbes g'schafft", wie sich das schließlich gehört und geziemt. Der Witz dabei: Bis auf das eine Kind, das die Bettdecken aus dem Fenster hängte, lagen alle Familienmitglieder im seligen Schlaf – natürlich unter ihren Bettdecken. Die Decken, die da ab 8 Uhr aus dem Fenster hingen, waren die „Show-Betten", extra zu dem Zweck angeschafft, den schönen Schein zu wahren.

Menschen, die einer Imageethik frönen, haben auch gerne so etwas wie eine gute Stube, in der alles auf Show ausgerichtet ist. Die Möbel dort haben Schonbezüge, damit ja kein Stäubchen darauf fällt, die Kissen sind gefällig drapiert, auf den Tischen darf kein Glas abgestellt werden, weil es einen Rand hinterlassen könnte, und in einer Vitrine sind gut sichtbar die Devotionalien der bürgerlichen Kultur aufbewahrt – die Kristallgläser, das gute Porzellan. Früher nannte man solche Stuben „kalte Pracht", da sie nur in Ausnahmefällen beheizt wurden, nämlich dann, wenn Besuch kam und Repräsentieren angesagt war. Alltag – sprich: Leben – fand woanders statt. Und so ist das heute noch: Wer Dinge besitzt, um zu repräsentieren, um zu beeindrucken, um sein Image zu pflegen, sperrt das Leben aus.

Wer sich der Welt draußen jederzeit perfekt gestylt vorführt, wer Autos, Kleidung, Accessoires und so weiter wie eine Monstranz vor sich her trägt und viel Energie darauf richtet, diese Scheinwelt aufrechtzuerhalten, kriegt natürlich einen mittelschweren Schock, wenn auf einmal jemand unangemeldet vor der Tür steht und Einlass begehrt. Und der Besucher ist schockiert, weil Madame, die er nur im aufgedonnerten Zustand kennt, erstens im schokoladenbraunen Hausanzug aus Plüsch vor ihm steht und ihm zweitens mit der Begründung den Einlass verwehrt, die Putzfrau hätte Urlaub. Dabei ist in Wahrheit die Angst tonangebend, dass das Haus oder die Wohnung nicht dem Bild entspricht, das man doch in langer, mühseliger und teurer Arbeit von sich entworfen zu haben meint. Wenn Image und tatsächliches Auftreten so weit auseinanderklaffen, dass man unangemeldeten Besuch einfach nicht mehr reinlassen will, dann hat das mit gelebter Authentizität nichts mehr zu tun.

Wer dagegen eine Werteethik lebt, der lässt unangemeldete Besucher auch dann rein, wenn in den vier Wänden einmal nicht perfekt aufgeräumt ist und nicht alles glänzt und blitzt. Der hat es nicht nötig, dem Leben die Tür zu weisen. Dem ist nicht das eigene Image wichtiger als die Gastfreundschaft. Auch wenn ich es noch nicht ausprobiert habe: Ich bin mir sicher, dass man bei Marie-Luise Fürstin zu Castell-Castell immer unangemeldet klingeln könnte und dennoch im Schlösschen herzlich willkommen wäre.

Das Leben in den Dingen

Man braucht allerdings nicht adlig zu sein, um sich im Umgang mit materiellen Dingen eine klare Richtlinie zu geben. Leitend könnte die Frage sein: Macht mich dieser oder jener Gegenstand lebendiger? Ist er lebensspendend? Oder frisst er im Gegenteil Lebensenergie auf? Was ich damit meine, will ich Ihnen anhand einiger Beispiele zeigen. Ein Füller ist dann lebensspendend, wenn ich damit einen Brief an einen ehemaligen Vorgesetzten schreibe, in dem ich ihm dafür danke, dass er mir einen entscheidenden Impuls auf meinem Berufsweg gegeben hat. Ein Handy ist dann lebensspendend, wenn es mir hilft, Kontakte aufrechtzuerhalten, mein Netzwerk zu pflegen, in Beziehung zu anderen Menschen zu treten. Eine Aktentasche ist dann lebensspendend, wenn ich darin Dinge transportiere, die mir und anderen helfen, erfolgreich zu sein.

Wenn ich dagegen gelangweilt durch Münchens Maximilianstraße laufe, in irgendeinem Geschäft strande, mich dort von schmeichelnden Verkäufern, honigfarbenem Licht, perlender Musik, gut gekühltem Prosecco und dem auf mich abstrahlenden Glanz meiner eigenen Pseudowichtigkeit so einlullen lasse, dass ich den Laden mit vollen Tüten wieder verlasse und später den Kopf über mich selbst schüttele (Was habe ich mir da bloß wieder andrehen lassen?), dann stimmt etwas nicht. Dann sind Dinge nicht lebensspendend, sondern lebensvernichtend. Dann habe ich es nötig, die in mir wohnende Leere mit einem falschen Glanz zu überdecken. Damit ja keiner auf die Idee kommt, hinter die Fassade zu schauen. Denn dort gäbe es ja nichts außer heißer Luft zu bestaunen.

Wenn man diesen Gedanken noch ein bisschen weiter verfolgt, kommt man wieder an einen Punkt, den ich auch im ersten Kapitel schon einmal angesprochen habe. Wer sich zu sehr ein Image verschafft, das auf Materiellem beruht, sein Wohl und Wehe davon abhängig macht, der muss natürlich in Panik geraten, wenn ihm der kleinste Verlust droht. Dessen Sinnen und Trachten wird sich immer stärker darauf richten, die Fassade zu wahren – koste es, was es wolle. Denn hätte er die Fassade nicht mehr, wäre er jeglicher Identität beraubt. Das Verrückte ist: Je mehr sich ein Mensch hinter einer Fassade zurückzieht, desto weniger lebt er und desto mehr Angst hat er und desto mehr verspürt er die Sinnlosigkeit dieses Tuns. Er mag vielleicht kurzfristig sogar so etwas wie Erleichterung spüren, aber nur, um danach noch tiefer abzustürzen. Ein Teufelskreis entsteht. Was nützt das dickste und teuerste Auto, wenn keine Person des Vertrauens auf dem Beifahrersitz Platz nimmt?

Für mich verkörpert Understatement letztlich auch die Entwicklungsstufe, die ein Mensch erreicht hat. Wenn jemand jung ist, dann hält er Ausschau nach einem Orientierungssystem und mag durchaus anfällig sein für das vertikale C&A-ist-unten-Hilfiger-ist-oben-System. Je weiter die Persönlichkeit eines Menschen heranreift, desto differenzierter seine Sicht auf die Welt und die Dinge wird, umso mehr kann er sich dann auch auf die horizontale Ebene begeben und ganz pragmatisch sagen: Gut, ich fahre mit dem Zug zu meinen Terminen, denn dann kann ich mich in Ruhe vorbereiten. Ich habe es nicht nötig, den Kunden mit einem schnellen Flitzer zu beeindrucken. Inhalte sind mir wichtiger als die Form. Und die Inhalte, die ich zu bieten habe, sind mehr wert als ein schicker Flitzer.

Das setzt allerdings voraus, dass man sich selbst gut kennt und schon durch so manche Konsumsünde hindurchgegangen ist. Dass man sich die fünfte und die sechste Jeans in den Schrank gehängt und gemerkt hat: Mehr als eine oder zwei brauche ich eigentlich nicht. Dass man sich die vierte Uhr gekauft, sie in das Kästchen zu den anderen gelegt und glatt vergessen hat. Und daraus dann seine Konsequenz gezogen hat: Der reifste Umgang mit materiellen Dingen ist der, der berücksichtigt, dass Glück nichts mit materiellen Dingen zu tun hat, sondern mit immateriellen. Zeit. Aufmerksamkeit. Zuwendung. Spaß. Teilen.

Kapitel 3 – Großglockner: 3.798 Meter
Wer es nicht nötig hat, Status zu demonstrieren

„Knigge" ist heute wieder in aller Munde. Weniger bekannt ist das Buch „Über den Umgang mit Menschen", das Adolf Freiherr Knigge im 18. Jahrhundert bekannt gemacht hat. Benimmregeln und Etikettefragen spielen, anders als viele vermuten würden, in diesem Literaturklassiker eine untergeordnete Rolle. Eher bietet das Buch praktische Lebensphilosophie im Geist der Aufklärung. Doch noch lieber als diesen Knigge möchte ich Ihnen einen seiner Nachfahren vorstellen: Moritz Freiherr Knigge, mit dem ich die Freude habe, gemeinsam dem „Deutschen Knigge-Rat" anzugehören, hat in seinem Buch „Spielregeln" das Thema seines berühmten Ahnherrn aufgegriffen und auf unsere Zeit übertragen. Was viele Menschen nicht davon abhält, ihn permanent nach den Dos & Don'ts beim Tischdecken zu fragen. Und das zählt ganz und gar nicht zu seinen Lieblingsthemen.

Sein zweites Buch „Zeichen der Macht" handelt von der geheimen Sprache der Statussymbole. Dazu führte ich vor einiger Zeit einmal ein Interview mit ihm. Wir plauderten über Autos, Uhren, Maßanzüge, Schuhe, und dann fragte ich ihn, ob denn das Einstecktuch, das er an diesem Tag trug, auch ein Statussymbol sei. „Das scheint es zu sein", kam schmunzelnd seine Antwort. Und dann erzählte er mir von einem seiner Freunde, der in einer Bank arbeitet. Dieser Freund sei ein erklärter Fan von Einstecktüchern, nur dürfe er die in der Bank nicht tragen. Warum denn das so sei, lautete meine Frage. Nun, das sei dort den Vorständen vorbehalten! Ein ungeschriebenes Gesetz der Hierarchie. Und weil dieser Freund nicht anecken wolle, halte er sich natürlich auch daran.

Diese kuriose Episode ging mir nicht mehr aus dem Kopf. Noch Tage nach unserem Gespräch beschäftigte sie mich. Statussymbole, diese Zeichen der Macht, sind wirklich klein und subtil geworden, dachte ich mir. Noch vor 50 Jahren sah das ganz anders aus. Bestimmt kennen Sie den Film „Eins, Zwei, Drei" von Billy Wilder. Eine meiner Lieblingsszenen ist die, in der James Cagney als Mister MacNamara, seines Zeichens Direktor von Coca-Cola Deutschland, vor der Coca-Cola-Zentrale in Berlin vorfährt, natürlich in einem dicken Ami-Schlitten, überall blitzendes und blinkendes Chrom, gelenkt von einem Chauffeur in Uniform und mit Kappe. James Cagney eilt dann durch das riesige Foyer, das ganz im Look der fünfziger Jahre gestaltet ist – schlichte Formen, viel Glas, viel Marmor –, und steigt in den Aufzug, um in den obersten Stock zu fahren. Seine Mitarbeiter, ungefähr fünfzig, sitzen im Vorzimmer des Direktors, immer vier in einer Reihe wie in der Schule, warten derweil schon auf ihn, und zwar in Alarmstimmung: „Der Herr Direktor kommt!", schallt es durch die Reihen. Als der dann tatsächlich durch die Tür rauscht, springen alle wie auf Kommando auf und schlagen die Hacken zusammen. Als der Direktor brüllt „Sitzenbleiben!" erwidern dies alle mit nochmaligem Hackenschlagen und setzen sich wieder hin. In seinem Büro wartet dann Fräuleinwunder-Sekretärin Lilo Pulver im gepunkteten Kleid auf den Direktor und empfängt ihn wie einen Staatsgast. Sein Schreibtisch ist riesig und leer, der Rundumblick aus den Fenstern gigantisch, alle hören auf sein Kommando. Das waren doch noch Zeiten! Einstecktuch als Statussymbol? Mister MacNamara hätte laut gelacht. Und sich von seiner Sekretärin eine Zigarre reichen lassen.

Von Badewannenvorlegern und Steuerknüppeln

Subtil sind sie also, unsere heutigen Statussymbole. Ich erinnere mich an ein Erlebnis, das mir fast schon buchstäblich den Boden unter den Füßen wegzog. Ich hatte einen Termin beim Geschäftsführer eines großen mittelständischen Unternehmens, Weltmarktführer in seiner Branche, mit zweitausend Mitarbeitern. Dieses Unternehmen hatte sich in der Nähe der Autobahn eine neue Zentrale geleistet, und das Büro des Geschäftsführers war – natürlich – im oberen Stockwerk. Durch ein Treppenhaus ganz in edlem Granit führte die Treppe nach oben. Aus dem Treppenhaus trat man dann in ein circa hundert Quadratmeter großes Vorzimmer, das mit einem extrem hochflorigen blaugrauen Teppich ausgelegt war. Stellen Sie sich so einen richtig flauschigen Badewannenvorleger vor: So ungefähr sah dieser Teppich aus. Nie in meinem Leben werde ich vergessen, wie es sich anfühlte, dieses Zimmer zu durchqueren. Nach dem harten Granitboden des Treppenhauses nun das hier. Meine Schuhe versanken in einem Ozean von Teppich. Ich verlor jeglichen Halt, den Bodenkontakt, die Trittfestigkeit. Alle Energie und Dynamik – ausgebremst vom Hochflor! Ich wurde innerlich immer kleiner, immer weicher, und als ich endlich vor der Tür des Geschäftsführers angekommen war, wusste ich kaum noch, wie ich heiße. Eine solche Macht übte dieses Statussymbol in Teppichform aus.

Doch das ist noch lange nicht der Gipfel der Raffinesse. Die Statussymbole, gerade in der Business-Welt, sind heute immer öfter rein immaterieller Natur. Nehmen wir zum Beispiel Easy-Jet-Chef Stelios Haji-Ioannou. Er sitzt in einem Großraumbüro zusammen mit zig anderen Mitarbeitern. Weder ist sein Schreibtisch größer als die der anderen, noch hat er einen komfortableren Stuhl – geschweige denn einen Badewannenvorleger, um Besucher zu zermürben. Er fährt auch morgens nicht mit einem vom Chauffeur gelenkten dicken Schlitten vor, sondern nimmt lieber die S-Bahn. Er hat es nicht nötig, seinen Status materiell zu demonstrieren.

Aber selbst wenn man den Chef nicht mehr am repräsentativen Büro erkennen kann – Status demonstrieren Chefs und Führungskräfte nach wie vor. Spätestens dann, wenn man auf die Antwort auf eine E-Mail zwei Wochen lang wartet, ahnt man: Dieser Mensch ist wohl sehr wichtig. Oder man selbst ist so unwichtig, dass man einer Antwort nicht würdig ist. Das Statussymbol im Zeitalter der Kommunikation heißt: nicht kommunizieren. Das Handy ausschalten. Nicht erreichbar sein. E-Mails nur alle zwei Tage abrufen. Wer in der Hierarchie unten steht, reagiert sofort, und zwar auf allen Kanälen. Wer oben steht, sagt sich: Na ja, das hat jetzt aber wirklich Zeit. Sollen die ruhig mal warten. Auf die Frage, was das zurzeit größte immaterielle Statussymbol im Business ist, antworte ich deshalb: Der Zeitraum, den sich jemand leisten kann zu warten, bis er eine E-Mail beantwortet – ohne Ärger zu bekommen. Ab drei Wochen wird es interessant. Aber ist das Understatement?

Mathias Döpfner, der Vorstandsvorsitzende der Axel Springer AG, hat zwei Handys. Eines ist für die Kommunikation mit seinen Mitarbeitern gedacht, das andere für seine Familie und Freunde. Er wird es sich bestimmt erlauben, das Diensthandy ab und zu im Büro liegenzulassen und eben nicht permanent erreichbar zu sein. Und nicht schon wieder für alle den Hampelmann machen. Sie kennen den Film „Der Teufel trägt Prada"? Er treibt dieses Phänomen auf die Spitze: Meryl Streep als Miranda Priestly terrorisiert ihre Assistentin selbst nachts mit Mails, Anrufen und SMS. Diese moderne Form der Sklaverei, im Film karikierend und überdreht dargestellt, zeigt vor allem eines: Macht und Status hat der, dessen Mitarbeiter vierundzwanzig Stunden am Tag, sieben Tage die Woche für ihn erreichbar sind und widerspruchslos jede Anordnung umsetzen, und sei sie auch noch so absurd. Wie viele Führungskräfte mag es wohl geben, die ihren Mitarbeitern ein Blackberry „schenken" und dann völlig selbstverständlich davon ausgehen, dass die Mitarbeiter noch vor Arbeitsbeginn am Montagmorgen das Elaborat lesen, das ihre Vorgesetzten am Sonntagabend über den Verteiler gejagt haben? Während sie selbst natürlich genauso selbstverständlich ihre eigenen E-Mails nicht mehr lesen, geschweige denn beantworten. Dafür haben sie ja ihre Assistentin! Das hat etwas mit dem bewussten Herstellen von kommunikativen Asymmetrien zu tun. Und wer das tut, hat es ziemlich nötig.

Überhaupt: die Assistentinnen. Früher nannte man sie Sekretärinnen und bat sie zum Diktat herein. Heute haben sie inhaltliche Aufgaben, sind Referenten oder Spezialisten für Öffentlichkeitsarbeit. Es gibt aber durchaus Chefs, an denen diese Entwicklung vorbeigegangen ist und die in ihrem Old-Economy-Denken ihren Status an der Anzahl der Sekretärinnen festmachen, die ihnen zuarbeiten. Herr Mehdorn beispielsweise. Der hat nämlich gleich drei davon in seinem vollverglasten Chefbüro im obersten Stock der Berliner Bahnzentrale. Von dort überblickt er die ganze Stadt. Auf der Fensterbank steht der Steuerknüppel einer MIG 29. Er wäre nämlich lieber Pilot geworden als Chef der ewig zu spät kommenden Bahn.

Schon wieder ein Teppich

Noch ein Beispiel aus der schönen Welt der immateriellen Status-symbole: Auf einer Kreuzfahrt traf ich vor einiger Zeit den Chef der Berliner Niederlassung eines Automobilkonzerns nebst Frau und Tochter. Die Herrschaften stolzierten jeden Tag an Deck auf und ab und erzählten jedem, dass sie auf einem so „einfachen" Vier-Sterne-Schiff normalerweise nie verkehren würden. Sie führen immer auf irgendwelchen Fünf-Sterne-Plus-Schiffen, und nur weil bei der Buchung irgendetwas schiefgegangen war, seien sie jetzt genötigt, dieses Schiff ertragen zu müssen. Aha. Was den offenbar perma-nent mit Sternen befassten Herrn aber völlig fertigmachte, war die Tatsache, dass er und seine Familie keinen festen Platz im Speise-saal hatten. Eines Abends wurde es ihm endgültig zu bunt: Im Restaurant zitierte er den Kellner heran, wedelte mit einem 50-Euro-Schein und wollte sich nun das Privileg erkaufen, immer auf demselben Platz zu sitzen. Was soll ich sagen – es ist ihm gelungen. Der Kellner wurde weich. Er hielt von nun an immer denselben Tisch für diese Familie frei. Wie nett wäre es doch gewesen, er hätte sich jeden Abend an einen anderen Tisch gesetzt. Immer andere Gesichter, andere interessante Gesprächspartner.

Reinhard Mohn, Aufsichtsratsvorsitzender der Bertelsmann AG, hat auch einen Stammplatz. Aber in der Kantine der Bertelsmann AG. Ihn nimmt er ein, wenn er im Unternehmen zu tun hat, gerne auch in Begleitung seiner Besucher, wenn denn welche zu Gast sind. Und dann sitzt und isst er da, inmitten der Belegschaft. Vier-Sterne-Schiff – Bertelsmann-Kantine: zwei reservierte Tische, an denen zwei völlig verschiedene Persönlichkeiten Platz nehmen und das etwas über ihre Geisteshaltung aussagt. Wo der eine seinen Status demonstrieren und sich abgrenzen will, zeigt der andere: Ich bin mitten unter Euch. Ich habe es nicht nötig, meine Position anhand einer Verbotszone zu demonstrieren, die ich um mich herum errichte. Ich brauche kein Vorstandscasino. Die Volontärin am Nachbartisch ist mir willkommen.

Konrad Adenauer war im Übrigen auch einmal mit einer Verbots-zone konfrontiert, die er ganz bewusst ignorierte und damit Hier-archien in Frage stellte: Er war gerade zum Bundeskanzler gewählt worden und musste sich am 21. September 1949 mit seinem Kabinett bei den Hohen Kommissaren der Alliierten auf dem Bonner Petersberg vorstellen. An diesem Tag trat auch das sogenannte Besatzungsstatut in Kraft, das die Souveränität der Bundesrepublik Deutschland eingrenzte und das Adenauer entgegennehmen sollte. Die Hohen Kommissare, der Amerikaner John J. McCloy, der Brite Brian Robertson und der Franzose André François-Poncet, erwarteten nun also den neuen Bundeskanzler im ehemaligen „Mühlensschen Kurhotel" auf dem Petersberg. Sie alle standen auf einem prunkvollen Perserteppich. Qua Protokoll war festgelegt, dass Konrad Adenauer keinesfalls auch auf diesen Perserteppich treten durfte. Er tat es trotzdem. Er beanspruchte zwar nur die äußerste Ecke des Teppichs und stand auch in einiger Entfernung zu den Hohen Kommissaren – aber er tat es. Und signalisierte dadurch: Wir lassen uns hier nicht des Platzes verweisen. Auch wir haben die Berechtigung und Stellung, uns mit euch auf einen Teppich – sprich: eine Stufe – zu stellen. Wir sind die Demokraten unter den Deutschen. Adenauer stellte sich nicht nur in Taten, sondern auch in Worten gegen die ihm zugewiesene Rolle. Er nahm zwar das Besatzungsstatut entgegen, formulierte aber gleichzeitig den Wunsch, dass es in „großzügiger und maßvoller Weise" angewandt werden und baldmöglichst revidiert werden möge. Das alles symbolisierte dieser kleine Schritt auf den Perserteppich. Schön, oder?

Warum Ampeln etwas mit dem Status zu tun haben

Abgrenzung gehört also durchaus zum Arsenal der Statussymbole. Je nötiger es eine Führungskraft hat, desto stärker schottet sie sich ab. Da gibt es dann einen extra Aufzug in die fürs gemeine Fußvolk nicht zugängliche Chefetage, da hat der Chef grundsätzlich seine Bürotür geschlossen und in Meetings setzt er sich immer ans Kopfende des Tischs, niemals einfach so zwischen seine Mitarbeiter. Seit dem 11. September 2001 hat diese Abschottung jedoch noch eine andere Komponente erhalten: das Sicherheitsbedürfnis der hochrangigen Konzernchefs oder Politiker. Ob der Personenschutz tatsächlich einen terroristischen Angriff verhindern kann, sei einmal dahingestellt. Fakt ist jedoch: je mehr Bodyguards, desto höher der Status, je gefährdeter ein Mensch ist, umso wichtiger muss er schließlich sein. Oder mal ganz plastisch ausgedrückt: Kommt der Verkehr in Berlin zum Erliegen, wenn Sie dorthin reisen? Wenn ja, dann sind Sie ziemlich wichtig. Werden noch nicht mal die Ampeln für Sie ausgeschaltet? Nun ja, Sie wissen schon ...

Eine Frau, die mit dieser Situation ganz und gar understatet umgeht, ist Bundeskanzlerin Angela Merkel. Haben Sie sie einmal in einer halbwegs alltäglichen Szenerie erlebt? Da kann man es nämlich spüren. Hier benimmt sich ein Mensch so normal wie möglich, trotz dieser unwirklichen und irgendwie absurden Situation, dass seine Sicherheit in einem sehr hohen Maß bedroht ist und er deswegen ständig Bodyguards um sich herum scharen muss. Angela Merkel ist in solchen Situationen – beispielsweise wenn sie am Rande eines Gipfeltreffens privat einen Stadtbummel unternimmt – einfach ein ganz normaler Mensch. Sie ist unauffällig. Nur wenn man genau hinschaut, nimmt man sie überhaupt wahr. Die Sicherheitskräfte in ihrer Nähe benehmen sich ebenfalls so dezent, dass man sie nicht registriert. Hier wird die deutsche Bundeskanzlerin bewacht. Sie ist eine Person, die das Ziel von Anschlägen sein kann, aber sie lässt sich das überhaupt nicht anmerken. Sie versucht, in dieser Ausnahmesituation größtmögliche Natürlichkeit zu leben. Mir imponiert das sehr.

Ganz anders handhabt das offenbar Michel Friedman. Sicher, es ist tragisch, dass er wegen seines Engagements im Zentralrat der Juden in Deutschland, dessen Vizepräsidentschaft er von 2000 bis 2003 innehatte, zu den gefährdeten Personen gehört. Ein Freund von mir erlebte nun einmal, wie Herr Friedman nach einer Veranstaltung die Französische Botschaft am Pariser Platz in Berlin verließ. Umgeben von fünf muskelbepackten, sonnenbrillenbewehrten Sicherheitskräften stolzierte er aus dem Gebäude. Dabei trug er die Brust fast höher als die Nase. Die Gruppe teilte sich auf und stieg in zwei schwarze, gepanzerte BMW-7er-Limousinen, die dort parkten – obwohl das wirklich niemandem erlaubt ist, noch nicht einmal dem regierenden Bürgermeister. Mein Freund saß in einem Café gegenüber der Botschaft und erzählte mir später, dass man selbst auf diese Distanz spüren konnte, wie Friedman diesen Auftritt zu genießen verstand. Nachdem die beiden Limousinen davongefahren waren, kam Reinhard Bütikofer, Bundesvorsitzender von Bündnis90/Die Grünen, aus dem Gebäude, Hand in Hand mit seiner Frau. Er winkte ein Taxi herbei, die beiden stiegen ein, das Taxi fuhr ab. Tja, so funktioniert Understatement. Lockerer Umgang mit dem immateriellen Statussymbol Gefährdungsstufe. Entspannt, unaufgeregt und geprägt von der Haltung: Okay, es ist zwar so, dass immer eine Handvoll Personenschützer um mich herum sein müssen, aber ich veranstalte deswegen keinen Zirkus! Das habe ich doch gar nicht nötig.

Vasallen im Schürzchen

Auch Führungskräfte können sich ganz entspannt für einen understateten Umgang mit ihrem Status entscheiden, indem sie beispielsweise selbst kommunizieren. Wer damit kokettiert, dass er das nicht beherrscht („Ach, meine E-Mails druckt meine Sekretärin immer aus und ich diktiere ihr dann die Antworten"), ist nicht erfolgreich mit Stil, sondern höchstens von gestern. Wer es dagegen nicht nötig hat, einen ganzen Mitarbeiterstab mit heißer Luft auf Trab zu halten, die er um sich verbreitet, der schreibt das Ergebnisprotokoll des letzten Meetings schnell selbst und schickt es anschließend per Mail herum, weil er gerade zufällig noch über die beiden ergänzenden Informationen verfügt, die dazu nötig sind; der vermeidet auch Umleitungen über Sekretäre, Assistenten, Referenten, die lediglich einen Zweck haben, nämlich zu zeigen, dass man sie hat; der prüft sachlich: Wie kommen diese Informationen jetzt am schnellsten an alle relevanten Personen? Und wenn er herausfindet, dass es tatsächlich am schnellsten geht, wenn er es jetzt selbst in die Hand nimmt, dann macht er das eben. Und wenn er schon die Bahnverbindung im Internet recherchiert hat, die er für die Geschäftsreise am nächsten Tag braucht, dann bucht er sie auch noch gleich selbst mit ein paar Mausklicks. So ein Mensch handelt authentisch – sei es nun im Business- oder Privatleben. Vermutlich hat er ja zu Hause auch kein Personal, das ihn im weißen Schürzchen bedient. Und wer die Bahnverbindung im Internet recherchiert, sie sich dann aber vom Praktikanten buchen lässt, der ist einfach nur snobby.

Sehe ich da hochgezogene Augenbrauen? Sie haben ja Recht, solche Dinge haben ihre Grenzen. Wenn sich ein Chef den ganzen Tag mit Organisation beschäftigt, damit nur ja seine Mitarbeiter nicht auf die Idee kommen, er sei ein profilierungsbewusster Schaumschläger, dann ist etwas aus der Balance geraten, dann wird Mikromanagement praktiziert und kein Understatement. Und das darf nicht passieren. Mir geht es hier aber um Geringfügigkeiten, um schnelles und unkompliziertes Handeln, das einem fast nichts von der wertvollen Arbeitszeit wegnimmt. Understatement heißt nicht, dass Führungskräfte etwas tun, was nicht wertschöpfend ist. Es heißt vielmehr, dass sie das dann selbst erledigen, wenn der Nutzen des Delegierens gegen null tendieren würde oder sogar das Gegenteil bewirkte.

Einer solchen Haltung liegt etwas sehr Entscheidendes zugrunde: Wie geht ein Chef mit seinen Mitarbeitern um? Tut er das partnerschaftlich und wertschätzend? Oder behandelt er die Menschen um sich herum lediglich wie Vasallen, die nur dazu sind, die eigene Macht und Herrlichkeit zu repräsentieren?

Substanz statt Stechkarte

Ganz oben auf der Hitliste der immateriellen Statussymbole steht natürlich die Zeit. Vor zehn Jahren galt man als wichtig, wenn man möglichst permanent und mit kleinen Schweißperlen auf der Stirn stöhnte: „Ich habe keine Zeit!" Wer das heute noch so praktiziert, signalisiert nicht etwa seine Wichtigkeit, sondern nur, dass er irgendetwas nicht im Griff hat. Jeder Mensch hat doch Zeit! Und zwar exakt gleichviel davon. Die Kunst besteht darin, mit dieser Zeit mündig umzugehen. Und absoluter Luxus ist es, selbst über seine Zeit bestimmen zu können. „Karrieren werden nach 17 Uhr gemacht!" – das ist Unsinn, mit Verlaub. Wer es nötig hat, der achtet natürlich darauf, dass er immer als Letzter das Büro verlässt, und definiert seine Bedeutung an der steigenden Zahl seiner Überstunden. Wer dagegen nicht darauf angewiesen ist, viel Lärm um nichts zu machen, der präsentiert lieber gute Ideen. Substanz statt Stechkarte – so werden Erfolge gemacht.

Und wer als Führungskraft einen Führungsstil praktiziert, der Understatement erahnen lässt, der lässt seine Mitarbeiter so arbeiten, wie es ihrer jeweiligen Biokurve entspricht. Meine Frau und ich zum Beispiel haben eine Kollegin, die Frühaufsteherin ist. Oft geht sie schon um 6 Uhr morgens gut gelaunt im Büro ihrer Arbeit nach. Nachmittags dagegen, wenn meine Frau und ich zur Höchstform auflaufen, ist bei dieser Kollegin schlicht und einfach der Ofen aus. Es wäre dumm und vor allem ineffizient, sie dazu zu nötigen, von 9 bis 17 Uhr zu arbeiten. Uns geht es nicht um die körperliche Präsenz unserer Mitarbeiterin. Es geht uns nicht um den Schein, sondern um das Sein, die Substanz, den Output. Nur wer gut gelaunt an seinem Arbeitsplatz erscheint, weil er wach und voller Tatendrang ist, wird gute Leistungen bringen.

Und noch etwas: Mir ist es nicht nur völlig gleich, wann die Mitarbeiter der Typ Akademie arbeiten – von den Seminarleitern und der Gästebetreuerin einmal abgesehen –, sondern auch wo sie arbeiten. Ob im Büro, im Homeoffice oder im Zug, das interessiert mich nicht. Was zählt, sind die Ergebnisse. Und wer in den Wald gehen und dort einen Kopfstand machen muss, um den Geistesblitz zu bekommen, der seinem Unternehmen den nächsten Großauftrag sichert – bitte sehr! Der soll das tun und nicht an seinem Schreibtisch Aktivität vortäuschen. Mehr Sein, weniger Schein – das ist die Formel des Understatements.

Apropos Arbeitszeit: Fasst man diesen Begriff etwas weiter, und zwar als Lebensarbeitszeit, kommt man zu einem weiteren Statussymbol, das sich stark verändert hat. „Ja, der Herr Müller, der hat's geschafft, der geht schon mit 55 in Rente!" Einen solchen Satz konnte man früher oft hören und auch die Bewunderung und den gewissen Neid, die da mitklangen. Wenn man erst mal in Rente ist, dann macht man Dolce Vita, dann gönnt man sich alles das, wozu man in den Jahren des Arbeitens wegen der vielen Überstunden nicht gekommen ist. So war das damals. Heute sieht das anders aus. Die Menschen werden nicht nur im Schnitt älter, sondern sind auch viel länger fit. Lebensmodelle und Werte haben sich stark verändert. Die Schaffensphasen werden länger, es gibt aber auch längere Phasen der Regeneration. Viele Führungskräfte nehmen sich auch ganz bewusst Auszeiten oder gar Sabbaticals, weil sie um die regenerierende Kraft einer solchen Pause wissen. Wer als Führungskraft zig Jahre aktiv und engagiert gearbeitet und sich ein immenses Know-how erworben hat, der empfindet es auch meistens nicht als ideal, von heute auf morgen mit der Arbeit aufzuhören. Vor meinem inneren Auge sehe ich mich beispielsweise arbeiten, bis ich ungefähr 70 bin. Danach möchte ich gerne anderen Menschen als Mentor zur Verfügung stehen. Und die Dinge weitergeben, die ich im Laufe meines Berufslebens von anderen gelernt habe. Da sehe ich meine Verantwortung.

Neulich las ich in einem Fachmagazin einen Artikel über pensionierte Führungskräfte, die als Berater und Coaches genau das tun: andere von ihrem Know-how profitieren lassen. Für sie ist es auch kein erstrebenswerter Zustand, sich ab Mitte fünfzig in einen Bungalow an Spaniens überlaufener Costa del Sol zurückzuziehen – losgelöst von Aufgaben, Verantwortung, sozialem und kulturellem Umfeld. Sie wollen vielmehr andere Menschen unterstützen, ihr Wissen tradieren. Und sie geben so ihrem Leben einen Sinn, so pathetisch sich das erst einmal anhören mag. Einer der Senior Coaches, der Existenzgründer unterstützt, aber auch einen Lehrauftrag an einer Universität hat, formulierte das in diesem Artikel auch genau so: Er nehme bei seinen Altersgenossen wahr, dass sie nach etwas suchten, aber vergessen hätten, wonach. Und selbst wenn sie etwas fänden, für das sie sich interessierten, trauten sie es sich nicht mehr zu. Für ihn sei die Vorstellung, nichts mehr tun zu können, zu nichts mehr nütze zu sein, die schlimmste überhaupt. Deswegen brenne er auch darauf, Neues zu lernen, sich neuen Situationen zu stellen. Dieser Artikel hat mich sehr bewegt. Denn er drückt genau das aus, was ich vorhin schon schrieb: Irgendwann im Leben geht es nicht mehr um den Schein, sondern um das pure und reine Sein, um Echtheit, um Authentizität, um Understatement.

Machtverzicht im Zentrum der Macht

Oft frage ich mich, wie dieser Wandel zustande gekommen ist. Warum sind aus den materiellen die so schwer entschlüsselbaren immateriellen Statussymbole geworden? Bei so einem Chromschlitten musste man doch gar nicht groß nachdenken, ob der, der da jetzt drin sitzt, der Chef ist oder sein Postbote. Da war die Antwort einfach klar. Sieht man heute jemanden in einer S-Klasse sitzen, kann das Auto bei Sixt zum Wochenendtarif gemietet und der Fahrer ein junger Pizzabäcker sein, der seinen Kumpels imponieren will. Und der, der da in einem verbeulten Golf III angefahren kommt, ist vielleicht eine Führungskraft, die in einer Softwareschmiede fünfzehn Mitarbeiter unter sich hat und im Jahr 150.000 Euro verdient.

Immaterielle Statussymbole sind subtil, komplex und eigentlich ein ganz neuer Kosmos. An äußerlichen Erscheinungsmerkmalen kann man da oft überhaupt nicht mehr erkennen, ob einer in der gesellschaftlichen oder firmeninternen Hierarchie oben oder unten steht. Wie ist das zu erklären? Ich bin mir ziemlich sicher: Dieser Wandel ist Spätfolge der 68er-Bewegung. Das Aufbegehren der Studenten und Bürgerrechtler richtete sich ja nicht nur gegen den Vietnam-Krieg, gegen Autorität und Diskriminierung von Minderheiten, sondern auch gegen den Wohlstand der Elterngeneration. Es war eine Rebellion gegen das nachkriegsindustrialisierte Deutschland, in dem das Wirtschaftswunder geschah und in dem der Materialismus herrschte. In dem Statussymbole so wichtig waren und damit der schöne Schein, der um jeden Preis aufrechterhalten werden musste, egal, was jemand im „Dritten Reich" gemacht hatte.

Der New-Economy-Hype in den neunziger Jahren, der ja eigentlich auch wie ein Wirtschaftswunder daherkam, war noch einmal wie ein Aufguss dessen. Dieses ständige Hecheln nach Wohlstand, nach Statussymbolen, nach glänzendem Schein – spätestens seit dem 11. September ist es damit endgültig vorbei. Dieser Terrorangriff zerstörte die Kathedrale des Kapitalismus, die Twin Towers in New York. Er zeigte die Endlichkeit der glitzernden und künstlichen Dallas-Denver-Welt. Die Sicherheit des materiellen Wohlstands war entzaubert. Plötzlich rückten die Fragen nach dem Sein in den Mittelpunkt, denn allen Menschen war bewusst geworden, wie vergänglich die Wirtschaft und die Welt des schönen Scheins sind. Und wie machtlos.

Meine tiefste Überzeugung ist: Wer darauf verzichtet, seine – materiellen oder immateriellen – Statusmuskeln spielen zu lassen, der verzichtet darauf, seine Macht auszuspielen. Sehr schön studieren kann man das übrigens in der Niedersächsischen Staatskanzlei. Dort gibt es Heerscharen von Mitarbeitern, die Ministerpräsident Christian Wulff jeden Handgriff abnehmen würden. Sie könnten ihm eine unglaubliche Aura verleihen – eine Aura der Unnahbarkeit, der kalten Macht. Sie könnten ihn abschirmen, um seine Bedeutung zu unterstreichen. Wenn er es denn zuließe. Und wenn er es nötig hätte. Das hat er aber nicht. Und er ist ein Pragmatiker. Deswegen ruft er mich beispielsweise persönlich an, um für ein Telefoninterview zur Verfügung zu stehen. Das hat mich wirklich sehr verblüfft. Jeder kleine Dienstleister lässt die Sekretärin anrufen, wenn er mich sprechen will, und übernimmt erst dann das Gespräch, wenn sie ihn angekündigt hat. Der niedersächsische Ministerpräsident ruft mich schnell selbst an, weil er weiß: Wenn er die Sekretärin anrufen lässt, um die Leitung herzustellen, erspart es ihm exakt das Tippen von zehn Tasten. Mehr nicht. Also erledigt er das selbst. Herr Wulff wirkt am Telefon übrigens völlig entspannt, so als ob man mit einem netten Geschäftspartner plaudert. Er schafft eine positive und nahbare Atmosphäre, er ist volkstümlich, um es mit diesem etwas altmodischen Wort auszudrücken. Diese Volkstümlichkeit besteht natürlich nicht darin, dass er das immer so machen oder dass er seine Durchwahl jedem geben würde. Das wäre dumm. Er hat es nur nicht nötig, seine Macht und seinen Status zu demonstrieren. Das nenne ich Understatement.

Ein glänzendes Mäntelchen der Pseudokompetenz

Was Christian Wulff da pflegt, ist der sogenannte Young-Leader-Stil. Wulff gehört zur Generation der Babyboomer, er kennt das Nachkriegsdeutschland und damit die extreme Ausrichtung an Statussymbolen nur aus Erzählungen. Er ist mit den neuen Medien großgeworden und dadurch von einem neuen Kommunikationsstil geprägt. Mathias Döpfner ist übrigens auch so geprägt. Der Vorstandschef der Axel Springer AG verkörpert durchaus konservative Werte, die er allerdings mit einem extrem schlanken Führungsstil verbindet. Das ist in meinen Augen eine sehr moderne und zeitgenössische Art zu führen. Döpfner ist stark mit gleichaltrigen Führungskräften und Entscheidungsträgern vernetzt, außerdem hat er viele internationale Kontakte, die ihm einen weiten Horizont verschaffen. Als einziger Europäer hat er einen Sitz im Verwaltungsrat von Time Warner in New York. Die Hierarchien in dem von ihm gelenkten Unternehmen sind flach. Er ist offen für Veränderungen. Bei aller wertkonservativen Ausrichtung hat er nie Angst vor heiligen Kühen. Und so zettelte er den Umzug der Redaktionen der Zeitungen „Bild" und „Bild am Sonntag" von Hamburg nach Berlin an, obwohl die über vierhundert Mitarbeiter davon nicht gerade begeistert waren. Aber Döpfner befand, dass Europas größte Tageszeitung und Deutschlands größter Sonntagstitel dort gemacht werden müssten, wo das politische Herz des Landes schlägt, wo die Kultur- und die Kunstszene zu Hause sind und wo Ideen und Trends entstehen. Selbst wenn die Zeitschriften der Bild-Familie weiter in Hamburg bleiben. Eine Tradition nur um der Tradition willen aufrechtzuerhalten, das zählt für Döpfner nicht. Kleines Trostpflaster für die Bild-Redakteure: Die speziell für die Anforderungen der Redaktion entwickelten Schreibtische wurden 2008 mit dem renommierten „red dot design award" ausgezeichnet.

Im Laufe der Jahre ist in mir die Erkenntnis gewachsen, dass dieser spezielle Führungsstil – Young Leadership –, den sowohl Christian Wulff als auch Mathias Döpfner pflegen, etwas mit Dienen zu tun hat. Wenn ich mich in dieses Denken hineinversetze, komme ich zu dem Schluss: Innovationen entstehen nur dort, wo gedient wird, wo kreative Teamarbeit herrscht und wo alle im Team einem übergeordneten Ziel dienen. Und dieses Ziel heißt definitiv nicht: Ich will den dicksten Dienstwagen, ich will Status. Sondern es kann eigentlich nur heißen: Kundenorientierung. Diesem Ziel ordnen sich alle unter. Und die Führungskraft ordnet sich da nicht nur genauso unter, sondern sie geht sogar noch einen Schritt weiter, indem sie sagt: Ich bin nicht hier, um mich von euch bedienen zu lassen. Sondern ich bin hier, um euch zu unterstützen, damit wir alle gemeinsam dieses Ziel erreichen. Das nenne ich „dienende Leiterschaft". Sie ergibt sich aus Ziel-, Team- und Kundenorientierung. Und das alles zusammen prägt den Stil des Understatements, dessen Kern darauf beruht, anderen etwas Positives vorzuleben.

Und wer Statussymbole vor sich herträgt, der lebt weder Team- noch Kundenorientierung vor, sondern pflegt seine Identitätskrise. So ein Chef hat es dann auch nötig, Ideen von Mitarbeitern als seine eigenen zu verkaufen. Ein Chef mit Understatement schafft es dagegen, seine Mitarbeiter ins Rampenlicht zu stellen. Er muss sich nicht mit fremden Federn schmücken, sondern er holt ganz uneitel seine Mannschaft auf die Bühne. Er ist trotzdem der Regisseur! Understatement hat ganz gewiss nichts mit falscher Bescheidenheit zu tun, sondern damit, seiner Rolle gerecht zu werden. Und dieser Rolle wird nur der gerecht, der weiß: Wenn alle um mich herum glänzen, dann glänze ich auch, und zwar umso mehr. Ein Chef der Old Economy würde sagen: Nur ich darf glänzen. Und er würde dabei vergessen, dass unter seinem Mäntelchen der Pseudokompetenz gähnende Leere herrscht, denn was wäre er schon ohne seine Mitarbeiter?

Ausgediente Hackordnung

Ganz am Anfang meines Berufsweges hatte ich einmal einen Vorgesetzten, dessen ganzes Sinnen und Trachten – so schien es mir – darauf ausgerichtet war, Karriere zu machen. Daran ist natürlich nichts auszusetzen, verstehen Sie mich da nicht falsch. Ich verwende diesen Begriff wertfrei. Bei meinem Chef äußerte sich aber dieses berufliche Streben nicht darin, dass er besondere Leistungen gebracht oder besondere Führungskompetenz bewiesen hätte, sondern lediglich darin, seinen Stuhl zu bewachen, auf dass ja keiner daran säge. Er war häufig in Lauerstellung, misstrauisch, angespannt, sprich: Er hatte Angst. Und das beobachte ich oft bei Führungskräften des alten Stils. Sie haben Angst, ihren Status zu verlieren (und mit ihm die Symbole dieses Status). Und Angst war schon immer der schlechteste aller Ratgeber.

Diese Angst ist in meiner Wahrnehmung das Symptom einer vertikal strukturierten Welt, die keine Komplexität und Ambivalenz kennt. Sie wissen schon: Chromschlitten oben, Fahrrad unten. Chefzimmer oben, Tippsenbüro unten. Das alles folgt einer archaischen Hackordnung, die es über Jahrhunderte gegeben hat. Nur: Dieses Modell hat endgültig ausgedient. Und viele haben das einfach noch nicht gemerkt. Deshalb müssen sie auch in ihrer Angst verharren, innerhalb dieser Hackordnung abzusteigen. Die Young Leader haben dagegen verstanden, dass wir in einer mehrdimensionalen Welt leben, in einer komplexen Netzwerkökonomie, in der es niemandem nützt, die Welt in oben und unten einzuteilen.

Menschen in Unternehmen bilden – wie in dem Roman „Der Herr der Ringe", übrigens eine Parabel für moderne Kommunikation – ein Team, ein Netz von Gefährten, die sich alle einem gemeinsamen Ziel unterordnen. Sie haben unterschiedliche Begabungen und bewegen sich dezentral, aber immer auf ein Ziel zu. In Hierarchien zu denken, würde niemandem nützen. Nur die sind wirklich und nachhaltig erfolgreich, die sich davon lösen können. Die Mitarbeiter des amerikanischen Computerunternehmens Apple beispielsweise. Dieses „Gefährten-Team" ist auch in flachen Hierarchien organisiert, geht taktisch überaus klug vor und nutzt geschickt synergetische Effekte. Indem sich Apple gezielt Nischen gesucht hat, konnte es erfolgreich gegen den übermächtigen Konkurrenten Microsoft bestehen – und ist eindeutig das Unternehmen mit dem cooleren Image und der besseren Kultur. Oder so: Microsoft ist ein verklemmter rundlicher Herr in braunem Anzug und langweiliger Krawatte, Apple ein entspannter, freundlicher, souveräner junger Mann in Pullover und Jeans – zumindest im Apple-Werbespot. „I'm a PC." – „I'm a Mac": Auf diesen Satz, mit dem sich die beiden Figuren der Spots auf der Website von Apple vorstellen, lässt sich die Kluft zwischen Old Economy und Young Leadership mitunter auch reduzieren.

Charisma statt Status

Lassen Sie mich das Thema Identität noch einmal aufgreifen. Für mich bedeutet Identität, dass jemand weiß, wer er ist, wo er herkommt und wo er hinwill. Wer das weiß, ist mit sich im Reinen und muss nicht mehr um seine Identität kämpfen. Wer aber nach seiner Identität sucht, sie nicht findet und sie deswegen aus dieser inneren Not heraus an seinem Status festmacht, dem bleibt fast nichts anderes übrig, als materielle und immaterielle Symbole dieses Status vor sich herzutragen. Täte er dies nicht, wäre das letzte bisschen – künstlicher, aufgepfropfter – Pseudoidentität auch noch dahin. Und deswegen muss er auch so krampfhaft an diesen Symbolen festhalten.

Wer dagegen weiß, was seine Persönlichkeit ausmacht, was seine Talente sind, wo seine Stärken und Schwächen liegen, der kann mit diesen Talenten wuchern und sie auch bewusst einsetzen. Der kennt sich und lebt das ungekünstelt nach außen. Und die Außenseite einer starken, bewussten Identität ist Charisma – das, was andere Menschen viel mehr prägt, begeistert und beeindruckt als hochflorige Teppiche, Büros im 128. Stock oder fünf persönliche Assistentinnen. Charisma statt Status – auch das ist eine Formel des Understatements.

Nichts ist erfolgreicher und ansteckender, als einfach nur „echt" zu sein. Und nichts ist entspannender! Haben Sie darüber schon einmal nachgedacht? Wie anstrengend und mühsam es ist, Freunden, Partnern, Mitarbeitern gegenüber immer seinen Status vorleben zu müssen? Lebensqualität ist definitiv etwas anderes, glauben Sie mir. Wenn ich meine wahre Größe lebe – egal, wie groß oder klein sie tatsächlich ist –, dann kann man mich morgens um drei aufwecken und ich werde garantiert nicht aus einem Alptraum hochschrecken, in dem alle gerade herausgefunden haben, dass ich eigentlich nichts tauge. Dann muss ich auch im wachen Zustand keine Angst haben, dass irgendetwas über mich ans Tageslicht kommt, von dem ich nicht will, dass es ein Mensch weiß. Eine Pseudoidentität aufrechtzuerhalten, eine Fassade zu wahren, je nach Umfeld in eine andere Haut zu schlüpfen ist vor allem nur eines, nämlich energieraubend. Und hier geht es um kostbare Lebensenergie, nicht nur um Strapazen für ein paar Nerven!

Feiern Sie Ihre Grenzen!

Um seine wahre Größe zu erkennen, muss man in meinen Augen auch seine Grenzen akzeptieren, mehr noch: seine Grenzen feiern. Ein erfolgreicher Buchautor, mit dem ich seit Jahren befreundet bin, tut das ganz bewusst. Er sagt deutlich: Das sind Dinge, die kann ich nicht, und ich stehe auch dazu, dass ich sie nicht kann. Das macht ihn souverän und verschafft ihm eine gewisse Leichtigkeit im Auftreten. Immer darauf achten zu müssen, im besten Licht dazustehen und sich nur ja keine Blöße zu geben, das wäre ihm zu kleingeistig und zu anstrengend. Mir auch. Zugegeben: Das, was er nicht kann, ist überhaupt nicht dramatisch und in irgendeiner Weise bedrohlich, sondern schon eher komisch. Er hat nämlich kein Talent dafür, sich gut und stilvoll zu kleiden, ihm fehlt jegliches Gespür für eine geschmackvolle Farbzusammenstellung seiner Kleidung. In dieser Hinsicht ist er ein bekennender Nichtkönner.

Ich habe aber auch noch einen anderen Freund, bei dem dieses Nichtkönnen, das in diesem Fall in ein Scheitern mündete, weitaus drastischere Ausmaße angenommen hat. Seine Geschichte möchte ich Ihnen gerne erzählen. Dieser Freund war ein junger Unternehmer, der mit Zertifizierungen nach ISO 9000 erfolgreich Geschäfte machte. Dann entwickelte er eine neue Geschäftsidee. Er versuchte, große Unternehmen dafür zu begeistern und sie ins Boot zu holen – was ihm nicht gelang. Eines der großen Unternehmen setzte diese Idee nämlich lieber alleine um.

Während der darauf folgenden gerichtlichen Auseinandersetzungen ging die Firma meines Freundes Pleite, denn er hatte alle Energien und finanziellen Ressourcen in die Entwicklung seiner Idee gesteckt. Er verlor im Zuge der Insolvenz buchstäblich alles bis hin zu seinem Haus. Er blieb aber niemandem etwas schuldig, auch alle Sozialabgaben für seine Mitarbeiter entrichtete er noch ordnungsgemäß. Als alles abgewickelt war, beschloss er, mit seiner Familie auszuwandern und ein neues Leben anzufangen. Was ihm auch gelang. Er gründete im Ausland ein Medienunternehmen und brachte dort ein neues Premium-Magazin heraus.

Ein Jahr später flog er zurück nach Deutschland. Sein Vater hatte Geburtstag, den wollte er mit ihm feiern. Noch am Flughafen wurde er von der Polizei festgenommen und in Untersuchungshaft gesteckt. Es stellte sich heraus, dass er ein paar Euro zu viel Sozialabgaben bezahlt hatte, und zwar an die Krankenkasse. Diese Krankenkasse wollte den Betrag an ihn zurückzahlen, und da kam ans Tageslicht, dass mein Freund, entgegen den gerichtlichen Auflagen, keine gültige Adresse hinterlassen hatte, unter der er erreichbar war. Das genügte der Staatsanwaltschaft, um ihn zu verdächtigen, dass er Geld aus der Insolvenzmasse unterschlagen habe. Achtzehn Monate behielt man ihn in Untersuchungshaft. In dieser Zeit arbeitete er in der Gefängnisdruckerei und entwickelte mehrere Businesspläne für neue Unternehmen.

Als er dann endlich entlassen wurde – der Betrug konnte ihm nicht nachgewiesen werden –, stand er wieder einmal vor dem Nichts. Seine Frau hatte sich mittlerweile von ihm scheiden lassen. Ins Ausland konnte und wollte er nicht zurück. Er traf dann die Entscheidung, unbeirrt nach vorn zu schauen. Und gründete ein neues Unternehmen, das heute erfolgreich läuft.

Worauf ich hinaus will: In der Gründerphase kommunizierte er gegenüber Geschäftspartnern und Dienstleistern ganz offen, was er hinter sich hatte: dass er Insolvenz anmelden musste, dass er im Gefängnis gesessen hatte. Er wollte sich nicht von der Angst davor regieren lassen, dass eines Tages alles ans Tageslicht kommen würde. Also ging er in die Offensive und schenkte allen nach und nach reinen Wein ein. Als dann einmal einer seiner potentiellen Geschäftspartner ein Meeting mit den Worten eröffnete: „Ich lass jetzt mal die Bombe hochgehen: Dieser Mann hier ist erst kürzlich aus dem Gefängnis entlassen worden", zuckten die anderen, die mit am Tisch saßen, mit den Schultern. Das wussten doch alle. Und die Peinlichkeit war ganz auf der Seite des Geschäftspartners, der da so große Töne spuckte.

Mir imponiert dieser Mensch sehr, denn er ging und geht immer souverän mit seinem Scheitern um. Er hat deswegen nie seine Glaubwürdigkeit und seine Echtheit verloren und stets seine Würde bewahrt. Und weil er zu seinem Scheitern, zu seinen Grenzen steht, hat er nichts zu befürchten. Er lässt sich nicht von der Angst regieren. Hat keine Pseudoidentität angenommen, die er mit irgendwelchen materiellen oder immateriellen Statussymbolen zur Schau stellen müsste. Understatement ist nicht nur der Stil des Erfolgs, sondern der Stil der Freiheit.

Kapitel 4 – Gran Paradiso: 4.061 Meter
Wer es nicht nötig hat, sein Wissen zur Schau zu stellen

Wissen ist Macht – das war ihre Maxime. Darauf war sie ausgerichtet, danach arbeitete und lebte sie. Bevor sie abends das Büro verließ, ließ sie die knarrenden Rollläden der drei Eichenholzfurnierschränke herunter, in der sie ihren Schatz hütete – graue Ordner, nach DIN-Vorlage beschriftet. In diesen Ordnern befanden sich Gesprächsprotokolle, Besprechungsnotizen, Sitzungsmitschriften, Produktionsaufträge, Listen, Tabellen. Eine Bibliothek des gesamten Unternehmenswissens. Getippt auf einer Kugelkopfschreibmaschine. Mit Durchschlag. Sie schloss die Schränke nicht etwa ab. Nein, sie ließ den Schlüssel jeden Abend in einer bestimmten Stellung im Schloss stecken. Morgens kontrollierte sie als Erstes, ob jemand an den Schränken gewesen war, was sie an der geänderten Schlüsselstellung leicht sehen konnte. War dies der Fall, hallte ihre Stimme durch die Flure: „Wer war an meinen Schränken?"

Hört sich wie ein Plot einer Fernsehserie aus den fünfziger Jahren an, oder? Ist es aber nicht. Die Dame, um die es hier geht, war Sekretärin in einer Fernsehproduktion, die Ende der achtziger Jahre zu den Pionieren des Privatfernsehens gehörte. Dort arbeitete ich als Redakteur. Wir waren kein großes Team, sondern eher ein kleiner Nischenanbieter, der Fernsehbeiträge produzierte. Außer mir gab es dort einen Kameramann, einen Cutter, den Geschäftsführer und eben diese Sekretärin. Sie war eine durchaus pfiffige Dame – alleinstehend, loyal, sehr diskret, tüchtig, immer korrekt gekleidet. Bevor sie zu uns kam, hatte sie in einem großen deutschen Industrieunternehmen gearbeitet und dort täglich dies erlebt: Welche Kontakte die Firma hat, über welches Wissen sie verfügt – das ist ihr Kapital und der entscheidende Wettbewerbsvorteil. Und deswegen muss es streng unter Verschluss gehalten werden.

Das Absurde daran: Das Unternehmenswissen, das die Sekretärin bei uns bewachte, war überhaupt nicht wertvoll. Es war nichts, was man hätte aufbewahren müssen. Man hätte es auch gut auf Schmierzettel schreiben und nach Ende der Produktionsaufträge einfach wegwerfen können. Die Sekretärin richtete jedoch ihre ganze Lebens- und Arbeitsenergie darauf, diese auf lange Sicht unwichtigen bis halbwichtigen Informationen zu sammeln, zu sortieren und zu verteilen. Bei uns „Kreativen" ging diese Flut dagegen einfach unter. Wir wussten ja: Wenn wir die Informationen ignorierten oder verschlampten, machte das nichts. In den Eichenholzfurnierschränken lagerte ja alles in doppelter Ausführung – falls es wirklich mal darauf ankommen sollte. Warum die Papiere also aufheben und ordentlich ablegen?

Dass die Sekretärin sich als Besitzerin des Wissens verstand, merkten wir vor allem daran, dass sie nicht jedem von uns dieselben Informationen zukommen ließ. Der Geschäftsführer zum Beispiel erhielt sorgfältig zusammengetragene Dossiers, die sich in der Qualität deutlich von dem unterschieden, was die Redakteure bekamen. Bei Protest wurden wir mit scharfen Bemerkungen darauf hingewiesen, dass es schließlich nicht ihr Job sei, uns die Informationen auf einem Silbertablett zu servieren. Die Art und Weise, wie die Sekretärin hier das Wissen kanalisierte, zeigte deutlich, wie sehr in ihrer Wahrnehmung Wissen und Macht verknüpft waren: Wissen stand nur den Mächtigen zu – also dem Geschäftsführer –, aber keineswegs uns, dem niederen Fußvolk. Und dadurch, dass sie den Wissensschatz hütete, fühlte sie sich uns überlegen. Sie glaubte, sich dadurch unverzichtbar gemacht zu haben. Dazu gehörte es übrigens auch, dass sie für unseren Chef zweimal täglich ein privates Catering inszenierte, indem sie die Zutaten für ihn aus der Kantine holte und ihm dann in seinem Büro servierte. Auch dadurch wähnte sie sich auf der Seite der Macht.

Substanzlose Geschäfte

Damit Sie mich hier nicht falsch verstehen: Wissen bedeutet natürlich immer in gewisser Weise auch Macht. Und gerade in der Medienbranche sind redaktionelle Inhalte – der sogenannte Content – wesentlicher Teil der Wertschöpfung. Das Geschäft mit Wissen floriert. Wirtschaftsinformationen sind eine Handelsware wie jede andere auch. Nachrichtenagenturen wie Reuters lassen sich ihr Wissen vergolden. Sie haben mit der „Konkurrenz" – ob nun in Form von Bloomberg TV, selbstgedrehten Handyvideos oder YouTube – nicht gerade wenig zu kämpfen.

Lassen Sie uns einen Blick zurückwerfen: Bildung und Wissen, das besaßen die Kulturen der Antike, Griechen und Römer, aber auch die Weltreligionen wie das Judentum und der Islam, nicht zuletzt auch das Christentum, das Wissen aus vielen Bereichen absorbierte: von den griechischen Gelehrten, aus der jüdischen Tradition, aus der es hervorging. Vor ein paar hundert Jahren war eine Bibliothek schon dann als groß einzustufen, wenn sie ein paar hundert Bände enthielt. Im hohen Mittelalter kostete ein Buch – gemessen an der heutigen Kaufkraft – rund 60.000 Euro. Und heute steht in einer Ausgabe des Nachrichtenmagazins Focus so viel Wissen, wie ein Mensch zu Zeiten Martin Luthers in einem ganzen Leben gelernt hat. Die Halbwertszeit des Wissens verringert sich ständig – nichts ist so alt wie die Zeitung von gestern, dieser Satz stimmt mehr denn je. Für die Medienwirtschaft ist jedoch nicht mehr das Wissen an sich entscheidend, sondern – zumindest aus Sicht der Unternehmen, die das Wissen verbreiten und damit Geld verdienen – wer damit als Erster auf den Markt kommt.

Ich habe viele Jahre als Journalist für Hörfunk und Fernsehen gearbeitet und kenne diese Branche sehr gut. Das Geschäft mit den Nachrichten ist brutal. Und oft genug ziemlich substanzlos. Deswegen bin ich auch nie ein Info-Junkie geworden – Sie wissen schon, das sind die Menschen, die morgens um kurz vor 6 Uhr an den Frühstückstisch kommen mit den Worten „Hast du schon gehört, dass im gelben Meer ein Öltanker brennt?" Wenn man jetzt vergeblich darauf wartet, dass der Redner eine Quelle für diese Information nennt, noch ein paar handfeste Fakten nachreicht oder sagt, was ihn persönlich an dieser Information begeistert, bedrückt, betrifft – dann weiß man: Hier stellt einer sein Wissen zur Schau. Mehr ist das aber auch nicht.

Menschen, die mit Wissen und Informationen understatet umgehen, erkennt man daran, dass sie dieses Wissen gleichsam personalisieren. Sie werfen es jemandem nicht einfach so vor die Füße, sondern setzen diesen Informationsvorsprung lediglich dazu ein, sich ihrem Gegenüber auf einer menschlichen Ebene anzunähern. Sie nehmen ihr Wissen als Aufhänger für eine tiefergehende Reflexion oder die Pflege eines menschlichen Kontakts. Sie machen sich Gedanken, welche Bedeutung diese Information für sie selbst und für ihr Gegenüber hat und benennen diese Bedeutung auch. Namedropping, das absichtliche Fallenlassen bekannter Namen, gehört für mich übrigens in die gleiche Kategorie. Auch hier wird Wissen zur Schau getragen, weil man es nicht schafft, das, was man mit bekannten oder unbekannten Persönlichkeiten selbst erlebt hat, auf sich und seinen Gesprächspartner zu beziehen. Erst dann wird eine Botschaft daraus. Wer dagegen nur aufzählt, in welchen Konzerten oder welchen Ausstellungen er war und die Namen der entsprechenden Künstler herunterbetet, hat keine Botschaft, sondern ein Defizit. Dann dient dieses Namedropping nur dazu, die eigene mangelnde Prominenz zu kompensieren.

Der Trendforscher Mathias Horx nennt dieses Phänomen übrigens Inszenierungskonsum: Wenn Menschen es nötig haben, Ereignisse zu konsumieren, um ihr eigenes Leben als interessant zu inszenieren. Was hier zur Schau gestellt wird, ist dann allerdings kein akademisches, abstraktes Wissen, sondern das Wissen des Augenzeugen. Auch viele Prominente können ein Klagelied davon singen. Wo sie gehen und stehen, lauern nicht nur professionelle Fotografen, sondern auch Privatleute mit Handykameras, immer auf der Jagd nach dem ultimativen Schnappschuss, der ihnen vielleicht Geld einbringt (wenn sie ihn an die Medien verkaufen), aber vor allem als eine Aufwertung des eigenen Egos erfahren wird.

Lothar Späth, ein Preis und wir

Ich erlebe ein solches Namedropping und diese Zurschaustellung des Augenzeugenwissens häufig. Und nehme diese beiläufige Einleitung von irgendwelchen Belanglosigkeiten immer wieder etwas belustigt zur Kenntnis: „Ach, stimmt, ich saß ja am Tisch, als …“ oder „Vorgestern, nach der Vorstandssitzung …“. Wem nützen diese Informationen etwas? Meistens nur dem, der es nötig hat, sein Ego aufzublähen oder seinem Gegenüber zu signalisieren: Ich bin viel wichtiger als du, ich durfte nämlich den Vorstand sehen und du nicht! Und wissen Sie was? Oft steckt bei solchen vermeintlich weltbewegenden Situationen in Wirklichkeit nicht viel dahinter. Ich will Ihnen erzählen, was ich damit meine.

Es gibt ein Foto, auf dem der ehemalige baden-württembergische Ministerpräsident Lothar Späth, meine Frau Ilona und ich abgebildet sind. Es entstand, als Lothar Späth uns den TOP 100 Award überreichte, den wir bekamen, weil unsere TYP Akademie zu den 100 innovativsten Unternehmen in Deutschland gehört. Lothar Späth, Ilona und ich. Und der Preis. Auf einem Foto. Wow!

In Wahrheit hatte die Situation, in der dieses Foto entstand, nichts Glamouröses an sich. Diese Angelegenheit war vielmehr ziemlich anstrengend. Die Preisverleihung fand im August 2007 an denkbar abgelegenem Ort statt: auf der Zugspitze im dortigen Gipfel-Restaurant. Anscheinend sollten die Höhenmeter den vermeintlichen Status der Preisträger symbolisieren. Also versammelten sich Organisatoren, Preisträger, Mentoren und Moderatoren an der Talstation der Zugspitzbahn, um nach oben zu fahren, auf den höchsten deutschen Berggipfel. Er lag im Nebel, man sah kaum zehn Meter weit, es war ziemlich kalt. Die Veranstaltung nahm ihren Lauf, Anne Will moderierte, eine Geigerin und ein Jongleur unterhielten das Publikum. Dann wurden die Preisträger nach vorne gebeten, um ihre Urkunde aus den Händen von Lothar Späth in Empfang zu nehmen, alle einhundert. Einer nach dem anderen stellte sich brav in die lange Schlange. Die letzte Gondel nach unten ging um 23 Uhr. Eile war also geboten. Lothar Späth hatte Fließbandarbeit zu verrichten. Im 30-Sekunden-Takt Urkunde überreichen, Hände schütteln, fürs Foto nett lächeln. Und dann der Nächste, bitte.

30 Sekunden. Fast nichts. Dafür hatten wir mit An- und Abreise zwei Tage Zeit investiert. Nur damit wir mit Lothar Späh auf einem Foto zu sehen sind, der sich möglicherweise heute nicht mehr an uns erinnern wird, wenn er uns nicht vorher schon gekannt hat. Es war keine wirkliche, echte, authentische, individuelle Begegnung. Und deswegen ist es für mich nichts, das ich zur Schau tragen und überall herumerzählen müsste. In meiner Wohnung würde ich auch niemals das Bild dieser Preisverleihung drapieren. Auf unserer Homepage haben wir das Bild dagegen durchaus veröffentlicht. Schließlich hat unser Unternehmen einen wichtigen Preis gewonnen, und das wollten wir dokumentieren. Der Fokus liegt dabei aber auf der Auszeichnung, nicht auf der Tatsache, dass wir Lothar Späth die Hand schütteln durften. Das ist ein großer Unterschied.

Lila Schachzüge

Wer viel Wissen hat und das überhaupt nicht dazu einsetzt, um andere damit zu beeindrucken oder einzuschüchtern, ist Professor Harald Braem. Er hat mit seinem Kreativteam die lila Kuh für Milka erfunden. Ich finde, das war ein Volltreffer der Werbegeschichte. Mittlerweile kenne ich Professor Braem bereits seit zehn Jahren und ich freue mich immer sehr über seine natürliche und persönliche Ausstrahlung. Für mich ist er ein echtes Original. Er lehrt an der Fachhochschule Wiesbaden Kommunikation und Design, ist Experte für Farbpsychologie, dreht aber auch Filme, schreibt Bücher und ist außerdem Direktor des KULT-UR-INSTITUTS für interdisziplinäre Kulturforschung. Wissen ist also sein Kapital, sein wertvollstes Gut, das er aber überhaupt nicht zur Schau trägt. Diese Geschichte mit der lila Kuh zum Beispiel, die kommuniziert er nirgends, weder findet sie sich auf seiner Internetseite, noch hängt bei ihm zu Hause ein Poster davon an der Wand. Und selbst wenn er die Geschichte erzählt, betont er immer die Rolle, die sein Team dabei hatte. Sein ganzer Lebensstil ist von dieser Zurückhaltung, ist von Understatement geprägt und manchmal schon hart an der Grenze zur Schrulligkeit. Das Outfit: studentisch – Jeans, Cordhose, Grobstrickpulli, Anglerweste. Das Auto: ein ziemlich betagter, langsamer, blauer Kleintransporter. Das Haus: ein alter Bauernhof auf dem Land. Ziemlich unspektakulär, das Ganze.

Viele an seiner Stelle würden wohl mit ihrem Wissen, ihrem Wohlstand und ihrer gesellschaftlichen Stellung hausieren gehen. Harald Braem hat jedoch einen in meinen Augen sehr schönen und sehr understateten Weg gefunden, sein Wissen zugänglich zu machen, und das ganz ohne sich selbst aufdringlich und unangenehm zu profilieren. Er gründete in dem Dorf, in dem er lebt, ein ethnoarchäologisches Museum. Es heißt „Auf den Spuren der Kulturen". Und auch mit dem Konzept dieses Museums folgt Harald Braem seiner Lebensmaxime des Tiefgründigen, des Understatements, des „Mehr Sein, weniger Schein": Denn wichtiger als die Objekte selbst ist ihm das, was sie den Besuchern über die Menschen und Kulturen erzählen, die sie einst geschaffen haben. Da haben wir es wieder: Botschaft statt reine Zurschaustellung. Das ist Understatement.

Ein Loblied für die Konkurrenz

Gehen Sie mit mir wieder ein paar Schritte zurück? Ich würde gerne noch einmal den Gedanken „Wissen ist eine Handelsware" aufgreifen. Sie ist ein Tauschmittel. Wie hoch stufen Sie eigentlich den Wert dieses Wissens ein? Sind Sie bereit, den Preis für ein Tageszeitungsabonnement zu bezahlen? Lassen Sie sich von einem Infodienst mit auf Ihre Interessen abgestimmten Informationen beliefern? Oder reichen Ihnen die einschlägig bekannten Internetangebote aus?

Es ist durchaus eine Herausforderung, sich seinen persönlichen Infomix zu beschaffen, schließlich verdoppelt sich das weltweite Wissen ungefähr alle vier Jahre, kommen ständig neue Quellen hinzu, hier ein Informationsportal, dort eine neue Fachpublikation, der Informationsfluss wird immer unüberschaubarer. Wer hier nicht mithalten kann, verliert den Anschluss an die Gesellschaft. – Im Ernst? Ich glaube nicht, dass dieser Satz stimmt. Mein persönlicher Medienmix sieht nämlich so aus: Eine Tageszeitung lese ich nicht, dafür jede Woche zwei der großen politischen Magazine. Alle Hintergrundinformationen, die ich gerne hätte, kann ich da nachlesen, und dafür nehme ich mir auch ausreichend Zeit. Lieber sorgfältig recherchierte Hintergrundberichte und Reportagen als kleine, oberflächliche Infohäppchen. Ich schaue weder Tagesschau noch höre ich die Nachrichten im Radio. Und den Anschluss an die Gesellschaft habe ich wegen dieses Verzichts auf viele Medien noch lange nicht verloren. Ein understateter Umgang mit Informationen, mit Wissen, fängt für mich also da an, wo ich mir bewusst mache, welche Quellen ich benutze, wie die Qualität dieser Quellen beschaffen ist und welchen Ausschnitt aus dem Informationsangebot ich wähle. Quellen, hinter denen ein Medienunternehmen steht, das rentabel arbeiten muss, bewerte ich persönlich immer noch höher als werbefinanzierte Formate oder kostenlose Internetquellen.

Klatsch und Tratsch, unfundierte Einschätzungen der Seelenlage anderer Menschen, Gerüchte – das sind für mich keine relevanten Informationen mit Mehrwert, kein Wissen, das verbreitet werden sollte. Einer, der das macht, hat es nötig, sich aufzuwerten, indem er andere abwertet oder sich selbst als moralisch höherstehend inszeniert. Ein understateter Mensch hüllt sich in dezentes Schweigen und behält den Wissensvorsprung, den er in diesem Bereich vielleicht hat, für sich. Dass man dann mitunter als unkommunikativer Langweiler dasteht, muss man einfach aushalten. Außerdem: Wenn ein Mensch mir gegenüber nur Klatsch und Tratsch von sich geben kann, sich etwa stundenlang darüber auslässt, dass die Nachbarin links dreimal die Woche Staubsaugorgien veranstaltet und die Nachbarin rechts nichts Besseres zu tun hat, als über ihren Mann zu schimpfen und im Treppenhaus auf den Briefträger zu warten, und das alles unter dem Siegel der Verschwiegenheit und des Vertrauens – da frage ich mich immer: Und was tratscht dieser Mensch über mich, sobald ich den Raum verlasse?

Wenn ich über andere Menschen rede, dann erzähle ich positive Dinge. Was der andere gut gemacht hat, was er Tolles geleistet hat oder was ich an ihm schätze. So kann man übrigens auch mit seiner Konkurrenz umgehen. Bei uns an der TYP Akademie veranstalten wir in regelmäßigen Abständen Studientage, zu denen Menschen kommen, die sich überlegen, ob sie eines unserer Seminare absolvieren wollen. Oft fragen sie uns nach der Konkurrenz, schließlich wollen sie sich auch über andere Anbieter auf diesem Markt informieren. Wir reden grundsätzlich wertschätzend über unsere Konkurrenten. Wir erzählen, wo deren Stärken liegen und was sie richtig gut können. Auf die Teilnehmer der Studientage wirkt das immer sehr entspannend. Gleichzeitig bekommen sie ein differenziertes Bild des Marktes. Meine Frau und ich sind der festen Überzeugung: Redeten wir schlecht über unsere Mitbewerber, fiele das nur negativ auf uns zurück. Und das hätte mit Understatement nichts zu tun.

Blubbernde Marketingblasen

Bisher habe ich mehr über das Wissen gesprochen, das man als understateter Mensch nicht vor sich hertragen, nicht ungefragt und zu Profilierungszwecken preisgeben sollte, sei es nun Klatsch- und Tratsch-Wissen oder das Wissen, das man in langer Berufstätigkeit oder bei der Zeitungslektüre angehäuft hat. Denken Sie aber noch einmal an den Anfang des Kapitels zurück, an die Geschichte über die Sekretärin und ihre Eichenholzfurnierschränke mit dem vermeintlich wertvollen Inhalt. Für diese Art von Wissen gilt genau das Gegenteil: Wer in Zukunft erfolgreich sein will, kommt gar nicht darum herum, sein Wissen mit anderen zu teilen!

In vielen Unternehmen herrscht noch die gute alte „Industriedenke": Das Wissen über Herstellungsverfahren, Rezepturen, Geschäftsbeziehungen, Vertriebskooperationen – sprich: das über Generationen weitergegebene Fachwissen darf keinesfalls verbreitet, kommuniziert und nach außen gegeben werden. Diesem Credo folgte ja auch unsere Sekretärin, damals, in der kleinen Filmproduktion.

Haben Sie mal das Buch „Führen mit flexiblen Zielen" von Niels Pfläging gelesen? Ich kann es Ihnen nur empfehlen. Der Autor berichtet darin von einem südamerikanischen Unternehmen, das eine radikale Abkehr von der sonst üblichen Praxis betreibt, alle Zahlen streng unter Verschluss zu halten. Nicht nur die Mitarbeiter haben dort Einblick in Gehalts- und Umsatzzahlen, sondern auch die Konkurrenz! Dieses Unternehmen sagt sich: Es kommt nicht auf die paar Zahlen an. Die machen unser Unternehmen nicht aus. Es kommt vielmehr darauf an, was wir aus diesen Zahlen machen. Und weil wir einzigartig sind, können andere unseren Erfolg noch lange nicht kopieren, selbst wenn sie unsere Zahlen kennen.

Ja, aber – mögen Skeptiker da einwenden – wie ist das denn mit geheimen Herstellungsverfahren? Der Rezeptur für Coca-Cola beispielsweise? Wenn Coca-Cola die einfach so herausgäbe, dann würden ja alle Coca-Cola brauen? Denen würde ich antworten: Sollen sie doch. Machen sie im Prinzip eh schon. Aber: Die Marke Coca-Cola kann niemand auf dieser Welt kopieren. Und genau darum geht es ja. Was nützt es einem Konkurrenten, genau die identische Cola herzustellen – wo es doch längst das Image der Marke ist, was zählt, und nicht mehr das süße Getränk selbst?

In der Automobilindustrie ist das übrigens keinen Deut anders. Auch hier ist das Image der Marke das Kapital, nicht die Bausätze der Autos. Nehmen Sie zum Beispiel den Porsche Cayenne. Wussten Sie, dass er eigentlich ein VW Touareg ist? Fahrwerk-, Elektrik- und Rohbauteile dieser beiden Fahrzeuge sind weitgehend identisch. Die Karosserie des Cayenne wird im Volkswagenwerk in Bratislava in der Slowakei gefertigt. Erst danach bekommt er im Leipziger Porsche-Werk den aus Zuffenhausen angelieferten Motor eingebaut. Ich behaupte mal: Nachbauen könnte den Porsche Cayenne wohl jeder Automobilbauer auf dieser Welt ohne Probleme. Das Einzige, was für den Erfolg des Cayenne und damit das Unternehmen Porsche zählt, ist das hohe Ansehen der Marke. Und nur deswegen kann der Cayenne auch so teuer verkauft werden. Das Wissen um die Konstruktion oder die Produktionsabläufe ist hier nicht mehr entscheidend für den Erfolg auf dem Markt. Das alte Herrschaftswissen hat ausgedient. Um den Mythos Porsche zu pflegen, braucht man es nicht mehr. Dass der Erfolg eines Produkts oder eines Unternehmens immer mehr auf einer Marketingblase beruht, gefällt mir nicht besonders. Deswegen würde ich auch nie einen Cayenne kaufen. Aber das ist schon wieder ein ganz anderes Thema.

Tschüss, Machtansprüche!

Auch innerhalb von Unternehmen hat es sich mittlerweile herumgesprochen, wie wichtig es ist, das bestehende Wissen zu teilen, zu vernetzen und allen Mitarbeitern zugänglich zu machen. Nur die Teams sind erfolgreich, in denen jedes einzelne Mitglied seine Ressourcen auch allen anderen zur Verfügung stellt und nicht ausschließlich zu seiner eigenen Selbstdarstellung, Profilierung und Vorteilsnahme einsetzt. In vielen Unternehmen gibt es dazu ein strukturiertes Wissensmanagement, das immer öfter die Werkzeuge des interaktiven Internets, des „Web 2.0", einsetzt. Als Vorbilder dienen Kompetenznetzwerke, Communitys of Practice und vor allem Blogs. Mit IBM und Daimler nutzen zwei große deutsche Unternehmen sowohl firmeninterne als auch öffentliche Blogs, damit die Mitarbeiter ihr Wissen kommunizieren und teilen. Viele Managementtheoretiker werten das als ein wichtiges Erfolgsrezept in der Wirtschaft von heute.

In den Unternehmensblogs wird durch die Zusammenführung des Know-hows vor allem Wissen vom Machtanspruch und dem Status einer einzelnen Person entkoppelt. Das erinnert mich im Übrigen stark an die freie Online-Enzyklopädie Wikipedia. Kein einziger der Beiträge dort ist mit dem Namen des Autors versehen – oft hochrangige Experten auf den jeweiligen Fachgebieten. Alle Menschen, die sich dort engagieren, tun dies aus Leidenschaft für die Sache und nicht, um sich selbst zu profilieren. Was am Ende dabei herauskommt, ist höchste Qualität: Die Wikipedia steht den konventionellen Nachschlagewerken wie der Encyclopaedia Britannica nämlich in nichts nach, das haben mehrere Untersuchungen mittlerweile ergeben. Sie weist in meinen Augen den Weg, wie mit Wissen umgegangen werden sollte: Information ist ein selbstverständliches Arbeitsmittel, jederzeit für alle zugänglich.

Wer es heute noch nötig hat, damit herumzuprotzen, hat schlicht verschlafen, dass sich die Welt weitergedreht hat. Viel wichtiger, als Wissen in seine Köpfe zu pumpen und dann damit hausieren zu gehen, ist die Kompetenz, aus den vielen heute zur Verfügung stehenden Informationen die richtigen und qualitativ guten herauszufiltern, die für einen selbst oder andere relevant sind. Man kann und muss nicht alles wissen – man muss nur wissen, wo etwas steht. Und man muss Querverbindungen herstellen können. Nur dann ist Wissen nützlich und hilfreich und mehr als bloße Zurschaustellung des eigenen Status.

Alles Wissen ist Stückwerk

Dass ich Filme liebe, haben Sie mittlerweile gemerkt. Während der Arbeit an diesem Buch schaute ich mir im kleinen Insel-Kino auf Juist den Film „8 Blickwinkel" an. Darin geht es um zwei Secret-Service-Agenten, die den Auftrag haben, den Präsidenten der Vereinigten Staaten vor einem Anschlag zu schützen, während er auf einem Anti-Terror-Gipfel eine Rede hält. Tatsächlich wird auf den Präsidenten geschossen und eine Bombe explodiert unter dem großen Podium, auf dem er und viele andere stehen. Der Film zeigt diesen Anschlag nun aus verschiedenen Blickwinkeln: dem einer Fernsehnachrichten-Produzentin, der beiden Secret-Service-Agenten, eines Polizisten, eines amerikanischen Touristen, des Präsidenten selbst und der Terroristen. Mit jedem neuen Blickwinkel, der hinzukommt, erfährt der Zuschauer mehr über die Ereignisse und die Zusammenhänge. Und erst ganz am Schluss sieht er, wer die Hintermänner des Anschlags wirklich waren.

Nach dem Film tauschte ich mit meiner Frau die Eindrücke dazu aus. Wir waren uns einig: Dieser Film hatte mal wieder eindringlich vor Augen geführt, wie klein der Scheinwerfer doch eigentlich ist, mit dem unser Verstand die Dinge beleuchtet, die uns täglich begegnen. Selbst wenn ich Augenzeuge einer Szene, einer Begegnung bin, ist der Ausschnitt, den ich sehe, nur ein Teil der Wahrheit, nur ein Teil der Realität, die sich auch noch verändert, sobald ein anderer Teil dazukommt. Wir kamen zu dem Schluss: Es existieren genauso viele Realitäten und Wahrheiten auf dieser Erde wie Menschen auf ihr leben. Und daraus kann nur folgen: Alles Wissen ist Stückwerk. Oder um es mit Sokrates zu sagen: „Ich weiß, dass ich nicht weiß." So steht es in Platons Apologie, die von ihm fingierte Verteidigungsrede des Sokrates. Dieses geflügelte Wort stellt etwas verkürzt die Entwicklung der eigenen Erkenntnis dar: Sie führt von der Entlarvung des Scheinwissens über das bewusste Nichtwissen hin zur Weisheit – zum Wissen um das Gute.

Und wenn Sie tatsächlich nachgeschaut haben, ob in diesem Zitat nicht ein „s" nach dem „nicht" fehlt, dann wissen Sie: Nein, es fehlt nicht. Vielmehr wird dieses berühmte geflügelte Wort oft falsch übersetzt. Sokrates behauptet nicht, dass er nichts weiß, sondern er hinterfragt das, was man zu wissen meint. Und das trifft genau den Punkt, um den es mir in diesem Kapitel geht: Es ist nicht wichtig, Wissen anzuhäufen und zur Schau zu tragen, sondern die Grenzen dieses Wissens und der Erkenntnisfähigkeit wahrzunehmen und zu reflektieren. Es geht mir um Weisheit statt um Wissen.

Was bleibt?

Als Inbegriff der Weisheit gilt in unserem jüdisch-christlichen Kulturkreis jedoch nicht Sokrates, sondern König Salomo, der dritte Herrscher des Königreichs Israel. Unter seiner Herrschaft lebten die Menschen in Frieden und Wohlstand. Er öffnete das Reich gegenüber anderen Kulturen und Religionen, er trieb Handel mit den Völkern im Norden und im Süden, die Städte im eigenen Land baute er aus, vor allem Jerusalem. Die biblischen Schriften „Buch der Weisheit", das „Hohe Lied", das „Buch der Sprichwörter" und „Kohelet" soll er verfasst haben – der Tradition nach. Wenn einer ein salomonisches Urteil fällt, dann ist es nach König Salomo benannt. Er ist derjenige, der von Gott mit der größten Weisheit ausgestattet wurde.

Für mich persönlich ist auch der katholische Theologe und Religionsphilosoph Romano Guardini ein ausgesprochen weiser Mensch. In seinem Buch „Die Lebensalter" beschreibt er die verschiedenen Stufen der Reifung eines Menschen. Er teilt sie in Jahrsiebte ein. Jede dieser Phasen birgt einen besonderen Reifungsschritt. Die Phase der Weisheit erreicht ein Mensch allerdings erst zwischen siebzig und siebenundsiebzig Jahren, denn sie hat etwas mit den Krisen zu tun, die jeder Mensch im Laufe seines Lebens und seiner Entwicklung durchmachen muss. Nur durch die Krise kommt er weiter, sie ist das Tor zur jeweils nächsten Entwicklungsstufe. Und erst wenn er alle Krisen gemeistert hat, am Ende seines Lebens, wird er weise. Denn die Krise des zehnten Jahrsiebts ist die härteste, die ein Mensch zu durchleiden hat: die Krise der Endlichkeit – die Einsicht, dass sich das eigene Leben der Zielgeraden nähert. Dann fragt man sich, was eigentlich vom eigenen Leben übrig bleibt. Was davon kann man weitergeben? Manch einer schreibt dann seine Biographie. Da steckt in meinen Augen ein ganz natürliches und menschliches Bedürfnis dahinter: etwas Bedeutendes zu hinterlassen. Der amerikanische Schriftsteller Mark Twain hat übrigens auch erkannt, dass sich ein Mensch in Sieben-Jahres-Schritten entwickelt. Er sagte einmal: „Als ich 14 war, war mein Vater so dumm, dass ich ihn kaum ertragen konnte. Aber als ich 21 wurde, war ich doch erstaunt, wie viel der alte Mann in sieben Jahren dazugelernt hatte."

Im Ernst: Für mich ist Weisheit, die aus Krisen entstanden ist, das wertvollste Gut im Leben. Denn diese Weisheit weiß, wie das Leben funktioniert und wie Krisen überwunden werden können. Sie ist das essentielle Handwerkszeug für ein Leben, das nicht nur dem Hedonismus innerhalb der Spaßgesellschaft frönt, sondern auch gesellschaftliche Verantwortung sieht und übernimmt. Diese Weisheit ist nicht protzig, sondern per se understatet. Ein Mensch, der nach Weisheit strebt, ist automatisch auf dem richtigen Weg. Denn er nutzt sein Wissen nicht als Machtfaktor oder Statussymbol, sondern als Hilfsfaktor, um Probleme zu lösen. Ein Wissender mischt sich ungefragt in alles ein, posaunt seine Ansichten, Einstellungen einfach so heraus, egal ob sie nun jemandem nützen oder nicht, nur, um sich darzustellen und zu profilieren. Ein Weiser dagegen hört zu, fragt nach und äußert sich erst dann, wenn er darum gebeten wird.

Ein Vielschreiber mit Tiefgang

Frankfurter Buchmesse. Wie immer herrscht ein unglaublicher Trubel in den riesigen Messehallen, Tausende von Menschen schieben sich durch die schmalen Gänge zwischen den Messeständen, schauen sich die ausgestellten Bücher an, sammeln Informationsmaterial, reden, lachen und verhandeln in den verschiedensten Sprachen. Das Stimmengewirr formiert sich zu einer Wolke aus Lärm, die über allem zu schweben scheint. Es ist warm in der Halle, viel zu warm, die Luft ist trocken, meine Kehle auch, die Tüten mit den eingesammelten Prospekten sind schwer. Wo kann ich hier bloß eine Pause machen? Draußen im Foyer? Nein, alle Sessel sind belegt, außerdem raucht hier fast jeder. Also, rauf auf die Rolltreppe, in den nächsten Stock. Dort dasselbe Bild: Menschen, Menschen, Menschen. Doch da fällt etwas auf. An einem Eckstand am Beginn eines Gangs herrscht eine andere Atmosphäre. Dort stehen zwar auch sehr viele Menschen, aber sie machen einen konzentrierten und ruhigen Eindruck – fast so, als warteten sie gespannt auf etwas. Was ist da los?

In der Mitte des Stands steht im Scheinwerferlicht ein unscheinbarer Mann mit einem langen, verwachsenen grauen Bart und langen grauen Haaren. Er trägt eine Mönchskutte und ist von Menschen umgeben, die darauf warten, dass sie ihm die Hand geben und mit ihm reden können. Und er spricht tatsächlich mit jedem einzelnen von ihnen. Reicht ihnen die Hand, schaut sie aufmerksam und wach an, hört ihnen zu. Die Szene wirkt fast wie eine würdevolle Zeremonie. Dieser Mann hat eine unglaublich intensive Aura, er strahlt eine Ruhe, Autorität und Weisheit aus, die alles Geschwätz um ihn herum zum Schweigen bringt. Es ist Pater Dr. Anselm Grün. Bestimmt haben Sie schon von ihm gehört oder gar eines seiner Bücher gelesen. Ich möchte ihn Ihnen gern vorstellen.

Der 1945 geborene Benediktinerpater kommt aus einem einfachen Handwerkerhaushalt: Seine Eltern betrieben einen Elektroladen – in dem er bereits als kleiner Junge Glühbirnen und Taschenlampen verkaufte. Mit neunzehn Jahren wurde er Benediktinermönch in der Abtei Münsterschwarzach bei Würzburg. Dort lernte er die Kunst der Menschenführung nach der Regel des Heiligen Benedikts von Nursia kennen und entdeckte bereits in den siebziger Jahren die Tradition der alten Mönchsväter wieder, deren Bedeutung er besonders in der Verbindung mit der modernen Psychologie sieht. Seit 1977 ist er nach seinem Studium der Philosophie, Theologie und Betriebswirtschaft der wirtschaftliche Leiter der Abtei Münsterschwarzach und damit für über 300 Mitarbeiter in über 20 Betrieben verantwortlich, unter anderen das Gymnasium, die Buchhandlung, die Metzgerei, die Bäckerei, eine Goldschmiede und eine Autowerkstatt. In zahlreichen Kursen und Vorträgen geht er auf die Nöte und Fragen der Menschen ein. So ist er zum spirituellen Berater und geistlichen Begleiter von vielen Managern geworden. Außerdem gehört er zu den meistgelesenen christlichen Autoren der Gegenwart. Von Anselm Grün sind aktuell ungefähr 300 Bücher lieferbar, die bisher in einer Gesamtauflage von über 14 Millionen weltweit verkauft wurden. Er ist also ein echter Vielschreiber.

Einige Zeit nach der Buchmesse, auf der Anselm Grün seine damalige Neuerscheinung präsentiert hatte, lernte ich ihn dann persönlich kennen. Das war auf einer Tagung, an der wir beide teilnahmen. Obwohl Anselm Grün eine so prominente Persönlichkeit ist, tritt er absolut uneitel auf. Er trägt meistens seine Mönchskutte und wirkt überhaupt nicht wie der coole Manager, der er ja ist – schließlich führt er ein Unternehmen von nicht unbeträchtlicher Größe. Am ersten Abend der Tagung sprach ich ihn an und fragte ihn, ob wir am nächsten Morgen zusammen frühstücken würden. Dies sagte er gerne zu. Am anderen Morgen trafen wir uns dann, bedienten uns am Frühstücksbuffet und ließen uns mit unseren Tabletts an einem der Tische im lichtdurchfluteten Speisesaal des Tagungshauses nieder. Pater Anselm hat einen sehr wachen und aufmerksamen Blick. Seine Augen beobachten alles und jeden sehr genau und registrieren viel. Als ich damals mit ihm sprach, vermittelte er mir mit diesen wachen Augen, dass er sehr interessiert an unserem Gespräch und auch an mir als Mensch war. Ich empfand das als ungeheuer wohltuend und entspannend. In seiner Gegenwart fühlte ich mich wohl und aufgehoben.

Wir sprachen über dieses und jenes, über seinen Alltag als Führungskraft und auch über das Bücherschreiben, denn das interessierte mich brennend: Wie er es schafft, neben seinem Arbeitspensum im Kloster und als Vortragsredner auch noch Bücher zu schreiben? Denn dass das sehr zeitaufwendig ist, wusste ich ja aus eigener Erfahrung nur zu gut. Anselm Grün erzählte, dass er ganz konsequent sechs Stunden pro Woche an seinen Büchern arbeitet: dienstags und donnerstags zwischen 6 und 8 Uhr am Morgen und noch einmal zwei Stunden an einem Abend pro Woche. Er freue sich immer sehr auf diese Stunden, weil er dann in Ruhe und ganz allein mit sich und seinen Gedanken sein könne, die eigentlich ganz leicht und wie von selbst aus ihm herausströmen. Außerdem lese er selbst täglich, immer eine halbe Stunde vor Arbeitsbeginn.

Diese Selbstdisziplin und Strukturiertheit fand ich bewunderns-wert. In einem Kloster gehört zumindest letztere zum Alltag, denn der folgt vorgegebenen Regeln und Zeiten. Und dieser klösterliche Alltag stellt auch genau die eine Quelle dar, aus der Anselm Grün permanent schöpft, wie er erzählte: Gebet, Gemeinschaft, Studien. Weisheit kann also nur dann entstehen, dachte ich so bei mir, wenn man selbst aus einer möglichst lebendigen Quelle schöpft. Und des-wegen immer offen für Neues bleibt, sich aber gleichzeitig zu sei-nen Wurzeln bekennt. Denn auch das tut Anselm Grün. So einfach und schlicht der Haushalt war, in dem er aufwuchs, so bodenstän-dig gibt er sich auch heute noch. Was er zu Hause gelernt hat, in diesem handwerklich-merkantilen Umfeld, Zeitmanagement, Orga-nisieren, gesunder Menschenverstand, dazu bekennt er sich nach wie vor und das setzt er jeden Tag zum Nutzen der Menschen ein, mit denen er lebt. Sein gesamtes akademisches Wissen, seine absol-vierten Studiengänge, sein Doktortitel: Das ist ganz sicher nicht das, wofür ihn Millionen von Menschen anerkennen und schätzen.

Aber worauf beruht denn sein Erfolg? Diese Frage stellte ich mir, als die Tagung vorbei war und ich im Zug saß, um wieder nach Hause zu reisen. Wie schafft es ein einfacher und bodenständiger Benediktiner, so viele Menschen so konstant in seinen Bann zu ziehen? An säkularen Erfolgsmaßstäben kann man diesen Menschen nun wahrlich nicht messen. Er passt nicht ins Raster der multimedialen Vermarktungsmaschinerie. Er ist weder besonders telegen noch ein auffallend guter Redner. Ein PR-Berater würde ihm vermutlich als erstes empfehlen, den Bart zu stutzen, an seiner Stimme zu arbeiten und sich dann in regelmäßigen Abständen zu aktuellen Themen zu äußern. Und das bitte möglichst im Fernsehen, dem Medium der Medien, und zu allen Tages- und Nachtzeiten. Anselm Grün tut nichts dergleichen. Sein Äußeres ist gepflegt, aber ihm nicht vorrangig wichtig. Er entzieht sich dem medial aufbereiteten Hype, der um viele andere Bestsellerautoren gemacht wird. Und sein Erfolg gibt ihm recht. Seine Bücher werden – im Gegensatz zu manch anderen Bestsellertiteln – nicht nach einem Jahr verramscht. Seine Fangemeinde ist ihm über Jahrzehnte hinweg treu. Er liefert so viel Substanz, so viel Impulse, dass man nach einem Vortrag von ihm monatelang beschäftigt ist mit dem, was er erzählt hat.

Er ist ein Original, kein medienkompatibler x-ter Aufguss eines glattrasierten, faltenfreien Pseudopromis. Er ist unverwechselbar und authentisch. Ein Mensch, der schon ganz früh seine Berufung und seinen Platz im Leben, den Sinn seines Lebens gefunden hat. Das strahlt er aus, und deswegen hat er eine so große Anziehungskraft auf andere Menschen. Das Wichtigste aber: Er setzt einen essentiellen Bestandteil seines Glaubens, die Mitmenschlichkeit, in die Tat um und folgt dabei seiner tiefsten inneren Überzeugung. Dass nämlich sein Wissen dazu dient, das Leben anderer zu bereichern, anderen zu helfen. Es dient nicht dazu, andere auf die Plätze zu verweisen, sie niederzumachen, ihnen zu signalisieren, was er doch für ein toller Hecht ist.

Eigentlich könnte sich Pater Anselm längst zur Ruhe setzen. Aber er wird nicht müde, in seinem klapprigen alten Golf durch die Lande zu reisen, Vorträge zu halten und Kurse zu leiten. Er ist nicht getrieben von Ehrgeiz. Auch die Suche nach Anerkennung ist es nicht, die ihn antreibt. Hinter seinem Engagement, hinter seiner Weisheit steckt eine Sinnkomponente, die sich nicht mit den üblichen Maßstäben messen lässt – das merke ich daran, wie sehr ich gerade um die Worte ringen muss, mit denen ich Ihnen beschreiben kann, was die Weisheit dieses Menschen ausmacht. Vielleicht ist es dieses Wort: Demut. Anselm Grün ist demütig – vor Gott, der Schöpfung und den Menschen.

Kapitel 5 – Cerro Colorado: 5.748 Meter
Wer es nicht nötig hat, nicht verstanden zu werden

Im Sommer 1960 ging es meiner Mutter nicht gut. Sie litt unter morgendlicher Übelkeit und konnte nachts schlecht schlafen. Für eine Schwangerschaft keine ungewöhnlichen Symptome. Aber lästig. Deswegen ging sie zu ihrem Hausarzt und fragte ihn um Rat. Er empfahl ihr ein neues Schlaf- und Beruhigungsmittel und pries es als ebenso wirkungsvoll wie harmlos an. Nebenwirkungen? Keine bekannt, verlassen Sie sich darauf. Meine Mutter war aus irgendeinem Grund jedoch besorgt. Sie traute dem Reden des Arztes nicht. Sie ging dann zwar in die Apotheke und kaufte das Schlafmittel, packte es zu Hause aber in das Arzneischränkchen im Badezimmer. Vielleicht würde die Schlaflosigkeit ja bald von selbst vergehen. Auch die Übelkeit würde sich bestimmt im Lauf der Schwangerschaft legen. Und wenn nicht, könnte sie das Mittel ja dann immer noch nehmen. In der Tat ging es ihr bald besser, die Übelkeit verschwand, und sie konnte auch wieder schlafen.

Sie ahnen sicher längst, wie das Schlafmittel hieß, das zu nehmen meine Mutter sich in jenem Sommer geweigert hatte: Es war Contergan. Als 2006 durch die Medien ging, dass ein Fernseh-Zweiteiler über den Contergan-Skandal nicht ausgestrahlt werden durfte, weil der Hersteller Grünenthal dagegen geklagt hatte, sprach ich mit meinem Vater darüber – zunächst ganz beiläufig, so wie man sich eben mit vertrauten Menschen über aktuelle Ereignisse austauscht. Aber dann erzählte er mir, dass meine Mutter Contergan empfohlen bekommen hatte, als sie mit mir schwanger gewesen war. Dass sie es jedoch – sensibel und eigensinnig, wie sie nun mal war – nicht genommen und mich so möglicherweise davor bewahrt hatte, eines der „Contergan-Kinder" der sechziger Jahre zu werden. Ich kann mich noch sehr genau an dieses Gespräch mit meinem Vater erinnern und an die tiefe Dankbarkeit, die ich danach meiner Mutter gegenüber empfand. Leider war sie zum Zeitpunkt des

Gesprächs schon viele Jahre tot. Ich hätte es ihr gerne selbst gesagt. Und mich bei ihr dafür bedankt, dass sie ihren Weg gegangen war und sich nicht von der öffentlichen Schönfärberei hatte einwickeln lassen.

Haben Sie übrigens den Fernsehfilm gesehen, als er im November 2007 dann doch ausgestrahlt werden durfte? Er hieß „Contergan" und ich habe ihn mir natürlich nicht entgehen lassen. Und was mich so richtig wütend gemacht hat, war das Verhalten der im Film dargestellten Ärzte. Deren Interesse lag nämlich nicht darin, erstens sich selbst und zweitens ihre schwangeren Patientinnen zu informieren, sondern darin, ihr eigenes Prestige zu wahren und der Wahrheit nicht ins Gesicht sehen zu müssen. Der Tatsache nämlich, dass sie mit ihrer Ignoranz als „Halbgötter in Weiß" unendliches Leid mitverantwortet haben. Kritische Berichte zu Contergan ignorierten die Ärzte nämlich lange Zeit. Blauäugig, wissenschaftlich desinteressiert und autoritätshörig gingen sie dadurch bis an die Grenze ihrer ärztlichen Sorgfaltspflicht. Sie ließen sich nicht einmal dazu herab, den Müttern zu erklären, warum ihre Kinder mit verkrüppelten Armen und Beinen auf die Welt gekommen waren, und wiesen die Schuld daran vielmehr den Müttern selbst zu. Originalzitat: „Wieso haben Sie sich denn nicht auf Erbkrankheiten untersuchen lassen?"

So werden einige Ärzte im Film dargestellt. Natürlich gingen nicht alle Ärzte damals so mit diesem Thema um. Schließlich ist die Aufdeckung des Skandals ja auch einem Arzt zu verdanken: Widukind Lenz aus Hamburg. Er fand heraus, dass der im Contergan enthaltene Wirkstoff Thalidomid für die Missbildungen bei Neugeborenen verantwortlich war. Unabhängig von ihm entdeckten auch Ärzte in Großbritannien und Australien den Zusammenhang von Contergan und Missbildung. Was den Hersteller, die Firma Grünenthal aus Stolberg bei Aachen, übrigens lange Zeit nicht zu kümmern schien. Schon 1961 lagen Grünenthal über 1.600 Warnungen über beobachtete Fehlbildungen vor. Diese Warnungen verhallten jedoch in den Fluren der Firma. Stattdessen wurde fleißig weiter Werbung gemacht: „Contergan – Für Greis und Kind gleich gut geeignet". Der Leiter der Forschungsabteilung, Heinrich Mückter, war übrigens am Gewinn des Produkts beteiligt.

Am 16. November 1961 informierte auch Widukind Lenz die Firma über seine Forschungsergebnisse. Aber erst am 27. November 1961 nahm Grünenthal Contergan endlich aus dem Handel. Bis es zum Prozess kam, dauerte es weitere sieben Jahre. Er endete zwei Jahre später – ohne Urteil. „Wegen zu geringen öffentlichen Interesses an der Strafverfolgung" und „geringer Schuld der Angeklagten", hieß es. Grünenthal einigte sich mit den Anwälten der Betroffenen auf eine Entschädigungslösung: 100 Millionen Mark zahlte die Firma in eine Stiftung, an der sich in derselben Höhe die Bundesrepublik Deutschland beteiligte und aus der die Betroffenen eine einmalige Zahlung bekamen und bis heute eine Leibrente beziehen. Im Gegenzug verzichteten die Eltern der betroffenen Kinder auf weitere Schadenersatzansprüche und Klagen gegen Grünenthal. Pech nur, dass das Stiftungsvermögen 1997 aufgebraucht war. Seither zahlt die Bundesrepublik – sprich der deutsche Steuerzahler – die Entschädigungen nämlich allein. Grünenthal ist heute ein florierender Familienbetrieb mit 4.800 Mitarbeitern weltweit und machte 2006 einen Umsatz von 813 Millionen Euro.

Grünenthal weist immer noch jegliche Verantwortung am Contergan-Skandal weit von sich – und spricht von einer „Tragödie", so als wäre ein Taifun über die Lande gefegt. Da kann man eben nichts machen. Eines der Mitglieder der Unternehmerfamilie, Sebastian Wirtz, lässt hin und wieder verlauten, dass die Verantwortlichen keinen Fehler gemacht hätten. Das Problem seien vielmehr besondere Zeitumstände gewesen, in diesem Fall das damals nur mangelhafte Arzneimittelrecht. Auf den Internetseiten von Grünenthal ist zu Contergan zu lesen: „Bei der Markteinführung von Contergan 1957 fehlte in der Bundesrepublik ein einheitliches Arzneimittelgesetz. Es galt das Prinzip der Selbstüberwachung. Es fehlten Gesetze für das wirksame Erfassen der Nebenwirkungen von Arzneimitteln. Die Wirkstoffe mussten nicht auf Schädigungen des ungeborenen Lebens geprüft werden (teratogene Wirkungen)." Lesen Sie sich dieses Dokument mal in Ruhe durch. Ich habe selten so dürre Worte zu einem derart aufwühlenden Thema gelesen. Für mich ein Paradebeispiel für das Thema dieses Kapitels.

Wer es nötig hat, nicht verstanden zu werden, der wählt nämlich bewusst einen Sprachcode, der Zugehörigkeit oder Nichtzugehörigkeit signalisiert, der andere ein- oder ausschließt. Der lässt sich vor allem nicht empathisch auf die Ebene und die Sprache seines Gegenübers ein, sondern sagt entweder gar nichts oder verharrt in seinem Jargon und lässt den anderen im Dunkeln tappen. Und der möchte auch ganz bewusst nicht verstanden werden, um von seiner eigenen Verantwortung abzulenken. An keiner einzigen Stelle dieses Grünenthal-Dokuments ist von den Menschen die Rede, die unter den Folgen der Contergan-Einnahme ihrer Mütter zu leiden haben. „Grünenthal und die Familie Wirtz bedauern die Folgen der Contergan-Tragödie sehr", heißt es in einer Stellungnahme an anderer Stelle der Homepage. Welche Folgen damit gemeint sind, wird vorsichtshalber nicht gesagt. Und das war's dann auch schon zum Thema. Ein GAU für die Unternehmenskommunikation. Und wie gesagt ein Musterbeispiel für Krisen-PR, die nicht einfach nur missglückt ist, sondern verantwortungslos und zynisch.

Blumige Worte und hohle Sprüche

Der Boykott von Shell-Tankstellen wegen der geplanten Versenkung der Brent-Spar-Plattform, Daimler-Chryslers Abwiegelungsversuche nach dem Elchtest-Desaster mit der A-Klasse, eine spanische Regierung, die die Ölkatastrophe von 2003 auszusitzen versuchte – Beispiele für misslungene Krisen-PR gibt es noch zuhauf. Ich frage mich bei so etwas immer: Glauben die eigentlich, die könnten uns alle für blöd verkaufen? Offensichtlich, sonst würden ja Heerscharen von Kommunikationsprofis kaum auf die Idee kommen, solche Beinahe- und tatsächlichen Katastrophen mit blumigen Worten und hohlen Sprüchen der Öffentlichkeit zu berichten – nur um von dem Versagen und der Verantwortung ihrer Auftraggeber abzulenken.

Es gibt aber auch Unternehmen, die einfach sagen, was Sache ist. Schnell. Und außerdem so, dass jeder sie versteht. Der amerikanische Konzern Wal-Mart tut das beispielsweise. Er ist das umsatzstärkste Einzelhandelsunternehmen der Welt und mit seiner Präsenz am deutschen Markt auf ganzer Linie gescheitert. Trotz starken Drucks auf die Konkurrenz gelang es ihm nicht, den bereits am Markt agierenden Lebensmittel-Discountern genügend Kunden abzujagen. Er konnte sich keinen Wettbewerbsvorteil verschaffen. Auch kam die Wal-Mart-gute-Laune-Kultur in Deutschland nicht so richtig an. Nach acht Jahren Geschäftätigkeit verkaufte das Unternehmen im Sommer 2006 seine 85 Filialen an den Handelskonzern Metro, der damit seine Supermarktkette Real stärkte. Wal-Mart machte mit dem Verkauf einen Gesamtverlust von einer Milliarde US-Dollar. Man mag die Hintergründe beurteilen, wie man will – mich hat damals beeindruckt, dass Wal-Mart einfach so zugab, den deutschen Markt stark unterschätzt zu haben. Und gescheitert zu sein. Alle Achtung.

Auch er ist immer für ein offenes Wort zu haben: Theo Müller, der Milch-Tycoon von Müller-Milch. Erinnern Sie sich? Als er 2003 seinen Wohnsitz in die Schweiz verlegte, polterte er in der Presse, dass er keine Lust habe, bei der damals anstehenden Übergabe seines Unternehmens an seine neun Kinder 200 Millionen Euro Erbschaftsteuer für 501 Millionen Euro Eigenkapital zu zahlen. Auch das fand ich mutig – einfach offen zu benennen, was sich wahrscheinlich jeder hätte denken können. Viele prominente Hochverdiener begründen ihre Umzüge in irgendwelche Steueroasen ja mit Großwetterlagen, landschaftlichen Reizen und dergleichen. Dass es dabei vorrangig ums Geld geht, ist trotzdem jedem klar. Theo Müller redete in Sachen Steuern kein blumiges Zeug, sondern Tacheles. Das deutsche Steuersystem ist ungerecht, deshalb gehe ich. Eine klare Position, die nicht jeder teilen muss, und markige Worte dazu.

Einer meiner Top-Favoriten in Sachen ehrlicher und zugewandter Kommunikation ist Artur Fischer. Der gelernte Bauschlosser ist zunächst einmal einer der bedeutendsten Erfinder weltweit. Er hält weit über tausend Patente und mehrere tausend Schutzrechte. Zu seinen berühmtesten Erfindungen zählen die Fischer-Dübel aus Kunststoff, das Fischertechnik-Baukastensystem und der aufsteckbare Blitzlichtwürfel für Fotoapparate, dessen Vermarktungsrechte später Agfa kaufte. Der „schwäbische Leonardo da Vinci" ist aber auch erfolgreicher Unternehmer: 1948 gründete er in Waldachtal-Turmlingen im Schwarzwald die Fischerwerke und brachte damit Beschäftigung und Wohlstand in die verarmte Region. Bis dahin waren die Menschen aus der Gegend gezwungen, weite Wege nach Sindelfingen oder Stuttgart auf sich zu nehmen, wenn sie in der Industrie arbeiten wollten oder mussten. Artur Fischer schuf Arbeitsplätze direkt vor ihrer Nase. Einer meiner Onkel arbeitete bei ihm in der Forschungsabteilung und er erzählte noch lange nach seiner Pensionierung mit leuchtenden Augen von seinem Chef. Ganz schwäbisch-bodenständig sei der gewesen, volksnah, gemeinsinnig, von hoher Menschlichkeit geprägt und immer dicht dran an seinen Leuten in den Werkshallen. Das ist Understatement!

Einer der ersten Spots der baden-württembergischen Imagekampagne „Wir können alles, außer Hochdeutsch" wurde übrigens mit Artur Fischer als Sympathieträger gedreht. Vielleicht erinnern Sie sich noch daran. Darin spricht der betagte Unternehmer mit ganz einfachen Worten über seine Freude an der Arbeit und am Erfinden. Und schaut dabei verschmitzt in die Kamera. Obwohl er schon 1980 die Unternehmensleitung an seinen Sohn abgegeben hat, ist Artur Fischer nach wie vor präsent im Unternehmen. Er hat immer noch sein Büro im Haus und seine Sekretärin. Und in seiner Werkstatt tüftelt er nach wie vor. Hightech sucht man dort allerdings vergeblich. Seine Devise: Versuch und Irrtum. Und deswegen klopft er schon mal einen Dübel mit dem Hammer platt, um die Widerstandsfähigkeit des Materials zu testen. Und diese zupackende Mentalität strahlt der klein gewachsene Mann immer und überall aus, egal, ob er nun durch die Werkshallen flitzt, den Hammer schwingt, einen Fernsehspot dreht oder die von ihm gestifteten Artur-Fischer-Erfinderpreise an Schüler verleiht, die sich mit Erfindungen hervorgetan haben. Bei all dem ist er sehr erfolgreich. 2006 machte die Fischer Unternehmensgruppe knapp 500 Millionen Euro Umsatz und beschäftigte weltweit 3.800 Mitarbeiter.

Understatement schlägt sich meines Erachtens bei ihm nicht nur in seinem Erfolg nieder, sondern auch darin, dass er es nicht nötig hat, komplizierte Worte zu benutzen, wenn er simple Dinge ausdrücken will. „Alles, was man macht, muss einfach sein", ist eines seiner Statements, oder auch das hier: „Das Entdecken, das Erfinden – wenn ich ein Osterei gefunden habe, habe ich mich gefreut. So etwas Ähnliches ist das hier auch." Was wurde nicht schon alles verzapft zur Motivation und zum Antrieb der arbeitenden Menschen? Und Artur Fischer bringt es mit ganz simplen Vergleichen und Worten auf den Punkt: Ohne kindliche Entdeckerfreude geht nichts. Wer es nötig hat, nicht verstanden zu werden, dem ist diese Freude an dem, was er täglich tut, vielleicht schon längst abhanden gekommen.

Die Kabel der Mächtigen

Einer, der ebenfalls viel Freude an seiner Tätigkeit zu haben scheint, ist Jörg Kachelmann. Er produziert und präsentiert die Wettervorhersage vor und nach der ARD-Tagesschau. Seine Sprache ist ein Musterbeispiel für – wie es frei von Understatement heißt – nutzwertorientierte Kommunikation. Sprich: Obwohl er eine absolute Koryphäe auf seinem Gebiet ist, trägt er das weder in seinem Auftreten noch in seiner Sprache vor sich her. Sein Äußeres scheint ihm fast egal zu sein. Die Anzüge sitzen schlecht, der Bart steht ihm überhaupt nicht. Und das mitten unter den fast schon sprichwörtlich eitlen Fernsehleuten. Mehr Understatement geht kaum. Wenn er dann aber loslegt – immer in dem Ton: Ich bin einer von euch und ich erkläre euch, was es mit dem Wetter gerade auf sich hat –, wirken sein Enthusiasmus und seine Begeisterung unglaublich ansteckend. Man hört und spürt: Das ist eine ganz andere (Sprach-)Welt als die des behördenähnlichen Deutschen Wetterdienstes. Kachelmann ist für mich so etwas wie ein volkstümlicher Experte. Und sein Expertentum lässt er überhaupt nicht raushängen. Er kommuniziert verständlich, nah dran am Publikum, locker. Er nimmt sich selbst nicht wichtig, fast könnte man sagen: nicht ganz ernst. Und er macht dadurch auch sein Thema nicht wichtiger, als es ist. Für Flugkapitäne ist das Wetter natürlich von enormer Bedeutung. Aber für Tante Else im Sessel vor dem Fernseher ist das Wetter meistens nicht existenziell wichtig oder bedrohlich, sondern lediglich ganz interessant. Und so stellt er es auf dieser Ebene auch dar. Er bläht das Thema nicht auf, obwohl es sein Leib- und Magenthema ist. Und obwohl er in den letzten Jahren immer wieder bewiesen hat, dass seine Prognosen und Szenarien besser sind als die seiner Konkurrenten. Obendrein ist Jörg Kachelmann – wen wundert's? – ein pfiffiger Unternehmer, dessen 1991 gegründetes Unternehmen Meteomedia AG über 1.000 Wetterstationen allein in Deutschland betreibt und der seine Dienstleistungen erfolgreich über die öffentlich-rechtlichen und privaten Medien vertreibt. Ich mag seine lässige, unaufgeregte und sehr von Understatement geprägte Art, mit seinem Status, seinem Wissen und seinem Expertentum umzugehen.

Dasselbe könnte ich übrigens auch von Wolf von Lojewski sagen. Der Fernsehjournalist verkörpert in meinen Augen pures angelsächsisches Understatement mit einer gewaltigen Portion Selbstironie. Haben Sie sich mal das Cover seines Buches „Der schöne Schein der Wahrheit" angeschaut? Es zeigt ein fotografisches Portrait von ihm. Er sitzt in einem mit kostbaren antiquarischen Möbeln ausgestatteten Zimmer, einen Bücherschrank im Rücken, vor sich einen runden Tisch, auf dem er den einen Arm aufstellt. Seinen Kopf stützt er mit der Hand. Sein Blick ist klar, aufmerksam, konzentriert. Er trägt eine schwarze Jacke und ein rosa Hemd darunter, ohne Krawatte. Das eine Ende des Hemdkragens ragt aus der Jacke heraus, das andere nicht. Das wirkt so ein bisschen unkorrekt, ein bisschen „sloppy", wie die Briten sagen, aber symbolisiert für mich perfekt den erfolgreichen Stil Wolf von Lojewskis: Völlig unabgehoben versucht er, der Wahrheit auf die Spur zu kommen.

Zu den Zeiten, als er noch das „Heute Journal" im ZDF moderierte, habe ich seine beiläufige und unaufgeregte Art geschätzt, mit der er sich Prominenten genähert hat. Außerdem wusste er sich immer vom Medienbetrieb zu distanzieren: leicht süffisant und mit einem Augenzwinkern. „Politiker machen Fehler, Medien nicht. Sie liegen immer im Trend, denn der Trend sind sie selbst", sagte er einmal. Seine Sprache nahm ich als wunderbar verständlich und einprägsam wahr. 1999 bekam er den Hanns-Joachim-Friedrichs-Preis für Fernsehjournalismus. In der Begründung steht: „Die Jury hat ihm den Preis für sein lebenslanges Wirken als Reporter, Studioleiter und Moderator im deutschen Fernsehen zuerkannt, insbesondere für die hohe Glaubwürdigkeit, die er sich als ‚Ankermann' der großen Abendnachrichtensendungen erworben hat. Wolf von Lojewski vermittelt dem Zuschauer die Ereignisse des Tages in einer bildhaft erzählenden, völlig unpathetischen Sprache. So gelingt es ihm, nach Ansicht der Jury, mit einfachen Worten Ordnung in die verwirrende Fülle der Nachrichten zu bringen und dem Zuschauer die Weltereignisse ein wenig verständlicher zu machen. Politischen Vorurteilen und der ihm selber stets bewussten Gefahr, zum ‚Kabelträger der Mächtigen' zu werden, ist er dabei nie erlegen." Besser kann man es nicht ausdrücken.

Fremdwortdichte pro Quadratmeter

Es gibt dagegen eine Branche, die mir mit ihrem Jargon, ihrem Business-Sprech, ihrem unverständlichen Gequake den letzten Nerv raubt. Wenn ich hin und wieder ein paar tausend Euro anlegen und mich deswegen sachkundig machen will, passiert Folgendes: Ich bekomme massive Minderwertigkeitsgefühle. Was ich damit meine? Lassen Sie sich diesen Text hier mal auf der Zunge zergehen: „In den Futures-Märkten ist eine andere Art von Arbitrage anwendbar – die ‚Cash and Carry Arbitrage'. Hierbei wird der Terminkontrakt verkauft und der Basiswert am Kassamarkt zum gleichen Zeitpunkt gekauft oder umgekehrt. Am Beispiel des Dax würden Dax-Futures verkauft und ein Indexportfolio, welches der Zusammensetzung des Dax entspricht, gekauft, da der Kauf des Index am Kassamarkt nicht möglich ist. Diese Arbitrage lohnt sich allerdings nur, wenn der Preis des Futures von seinem theoretisch richtigen Wert abweicht." Aha. Dachte ich es mir doch, dass es da einen Haken gibt, bei dieser Arbitrage.

Jetzt mal ganz im Ernst: Wer würde bei solcher Ansprache nicht die Füße in die Hand nehmen wollen? Dieser Text stammt übrigens von der Website tradewire.de, einem Onlinemagazin für „Trading", wozu man genauso gut auch „Börsenhandel" sagen könnte. Laut Eigenaussage sollen „auf den Punkt gebrachte Wirtschafts- und Finanzinformationen" präsentiert werden, „um den Anlegern kostbare Zeit zu schaffen". Da besteht aber noch eine eklatante Lücke zwischen Anspruch und Wirklichkeit, würde ich mal behaupten.

Auch in den anderen Sparten des Geldsektors gibt es nette Wortungetüme: TER, Reit, Scoring, Konten-Screening, High Net Worth Individuals, Blue Chips, Zillmerung, Contango und so weiter. Die Fremdwortdichte pro Quadratmeter scheint in der Finanzbranche besonders ausgeprägt zu sein. Sicher, das hat historische Gründe und spiegelt wider, in welchen Ländern die Geschäfte der Finanzbranche besonders stark geprägt wurden. Dem hilflosen Anleger auf der Suche nach etwas, an dem er sich festhalten kann, nützt das aber auch nicht viel. Dass gerade diese Branche es nötig hat, nicht verstanden zu werden, wundert mich eigentlich nicht. Ziel des Ganzen: Offene und versteckte Kosten nicht rechtfertigen zu müssen. Denn schlussendlich sind es eben nur die Gebühren, die die Finanzjongleure von ihren Kunden wollen. Was sie nicht wollen: Kunden offen und ehrlich und vor allem verständlich informieren. Denn dann würden sie ja herausbekommen, auf welch verschlungenen Wegen ihnen das Geld abgeknöpft wird.

Es gibt allerdings auch Finanzberater, die es ganz wunderbar hinbekommen, Kunden kompetent über Anlagemöglichkeiten zu informieren und mit ihnen gemeinsam eine Strategie zur individuellen Finanzplanung erarbeiten – ohne viel Blabla, Verdunklungstaktiken und Phrasendrescherei. Sie stehen für eine ethische und verantwortungsvolle Beratung. Was sie dabei nie aus dem Blick verlieren: die Lebenssituationen ihrer Mandanten. An denen orientieren sie sich. Das ist nützlich und hilfreich. Oder auch: Understatement.

Business Pidgin

Ein weiteres Beispiel habe ich noch für Sie, und in meinen Augen ein besonders schönes – dafür, dass ein Unternehmen kapiert hat, wie wichtig es ist, sich so auszudrücken, dass man verstanden wird. Und dass man nur für Abgrenzung sorgt, für Vertrauensverlust, für Informationsverlust, für Wissensverlust, wenn man es nicht tut. Es geht um den Automobilhersteller Porsche. Die Leser der Zeitschrift „Deutsche Sprachwelt" wählten Porsche zum Sprachwahrer des Jahres 2007. Was haben die Sprachforscher denn mit dem Autobauer zu tun? Ganz einfach: Die Porsche AG setzt auf Deutsch als Konzernsprache. Dazu sagte Porsche-Chef Wendelin Wiedeking schon vor einiger Zeit im Spiegel: „Natürlich können sich die Manager auf Englisch verständigen. Aber das ist nicht auf allen Arbeitsebenen der Fall. Ganz schwierig wird es, wenn es um Details geht, um die Einzelteile eines Motors beispielsweise. Doch gerade bei diesen Themen müssen sich die Mitarbeiter perfekt verständigen. Und wenn Englisch oder Französisch die Konzernsprache ist, benachteiligt man automatisch alle, für die dies nicht die Muttersprache ist."

Die Erfahrung zeigte bei Porsche unter anderem, dass in Besprechungen gestandene Ingenieure auf einmal den Mund hielten, weil ihnen auf Englisch nichts einfiel oder weil sie sich nicht blamieren wollten. Aber gerade in den Entwicklungsabteilungen kommt es auf Ideen, auf differenzierte und nuancierte Kommunikation an. Und der Einfallsreichtum der Ingenieure sei in deren Muttersprache nun mal am größten, hieß es seinerzeit bei Porsche.

Und so setzt Porsche ein deutliches Zeichen, auch gegen das BSE, das Bad Simple English, wie es die Sprachforscher nennen, und das sich in den Firmen entwickelt. Ein im Vergleich zum korrekten Englisch einfacheres, aber leider oft fehlerhaftes Englisch, Business Pidgin, sozusagen. Die Gefahr, dass es aufgrund der Fehlerhaftigkeit zu Missverständnissen in der Kommunikation und in der Folge zu fatalen Fehlern kommt, stufen die Sprachwissenschaftler als durchaus relevant ein. Meine Rede. Wer es nötig hat, nicht verstanden zu werden, der sollte sich in einer ruhigen Minute einfach mal hinsetzen und überlegen, welche Folgen das haben kann und wer die ausbaden muss.

Angst vor dem eigenen O-Ton

Ich habe in meinem Leben unzählige Interviews mit prominenten und nicht prominenten Menschen geführt. Dabei habe ich ganz unterschiedliche Dinge gelernt. Führungskräfte sagen Dinge, die der Pressesprecher hinterher ins Gegenteil verkehrt. Aus Angst, falsch verstanden zu werden, drücken sich Menschen missverständlich aus. Aus Angst, beim Wort genommen zu werden, geben sie nur Worthülsen von sich. Und manche reden sich tatsächlich um Kopf und Kragen.

Medien transportieren die Worte von Unternehmern, Politikern, Forschern, Kulturschaffenden an die Öffentlichkeit. Dabei ist für mich der Unterschied zwischen dem Journalismus angelsächsischer Tradition und dem deutschen Journalismus sehr augenfällig. Der amerikanische Journalismus beispielsweise ist so etwas wie eine vierte Gewalt im Staat, und so werden die Journalisten dort auch behandelt. Sie haben den gesellschaftlichen Auftrag, Dinge ans Licht zu befördern, Fakten und Zusammenhänge zu enthüllen. Dort bekommt man auch als ausländischer Journalist problemlos Termine bei irgendwelchen Senatoren, und dieses aufwendige Freigabe-Prozedere, das sich hier in Deutschland eingebürgert hat, existiert nicht. Medienschaffende in Deutschland halten sich dagegen für eine Elite, eine ganz besondere Kaste, ohne der besonderen Verantwortung, ihrer Rolle immer gerecht zu werden. Was ich in vielen Jahren Berufstätigkeit als Journalist und Redakteur beobachtet habe, ist das hier: Die Medien sind häufig der verlängerte Arm der PR-Abteilungen von Unternehmen und Politikern. Etliche Journalisten in Deutschland verhalten sich nicht wie Anwälte der Demokratie, sondern wie Günstlinge bei Hofe.

Was den öffentlich-rechtlichen Fernsehjournalismus angeht, liegt das Problem sicherlich auch darin, dass die entscheidenden politischen Ressorts nach Parteibuch besetzt werden. Wer Leiter des Hauptstadtstudios werden will, muss der „richtigen" Partei angehören, sonst wird das nichts. Das hat durchaus etwas von einer feudalen Günstlingswirtschaft. Der unausgesprochene, aber deswegen nicht weniger gut funktionierende Deal heißt: Mach' du mir einen schönen Beitrag, dann geb' ich dir auch schöne Informationen. Unternehmen machen das übrigens auch so. Die Kommunika-tionsabteilungen wissen genau, wer unter den Journalisten ihnen gewogen ist und wer nicht. Und dann werden eben nur die einen zu einem Hintergrundgespräch in Südfrankreich eingeladen und die anderen nicht.

Übrigens: Mit den beiden Tagesthemen-Moderatoren Ulrich Wickert und Anne Will habe ich jeweils für mein Audiomagazin ein Interview geführt. Wickert bestand ausdrücklich auf einer Frei-gabe, er wollte den Magazinbeitrag vor der Veröffentlichung hören und autorisieren. Anne Will nicht. Sie sagte: „Ich weiß, was ich gesagt habe." Sie war bereit, die Verantwortung für ihre Worte zu übernehmen und dazu zu stehen. So jemand wie Anne Will ist für mich enorm glaubwürdig, authentisch und understatet. Keine Angst vor dem eigenen O-Ton! Ich möchte jetzt nicht so weit gehen, dass ich Ulrich Wickert eine understatete Haltung abspreche. Bei ihm war allerdings die Angst vor Manipulation größer als sein Ver-trauen. Vielleicht hat er schlechte Erfahrungen gemacht, wer weiß.

Der Wert der Worte

Erinnern Sie sich noch an den Aufstieg und Fall des Medien-Moguls Leo Kirch? Er hatte es verstanden, im hochriskanten Geschäftsbereich des Filmrechtehandels ein Imperium aufzubauen, vor allem in den siebziger und achtziger Jahren. Er setzte auf Sieg und gewann. Zunächst einmal. 2002 zeigte es sich jedoch, dass er mit den Finanzen etwas zu viel herumjongliert hatte. Auch nahm er es mit den Sicherheiten für seine vielen Kredite nicht so genau. Die Beteiligung am Springer Verlag beispielsweise belieh er gleich mehrfach. So konnte die Kirch-Gruppe zwar schneller wachsen. Es beschleunigte dann aber später auch den Niedergang des Unternehmens, denn die Gläubiger verloren das Vertrauen.

Den Dolchstoß verpasste Leo Kirch allerdings Dr. Rolf Breuer, seinerzeit Vorstandssprecher der Deutschen Bank AG. Breuer gab dem Sender Bloomberg TV ein Interview. Dort war von der Krise der Kirch-Gruppe die Rede, von den sehr hohen Schulden Kirchs, und der Journalist fragte Breuer, ob man Kirch tatsächlich helfe, wenn man ihn weiterhin unterstütze. Zumindest habe ich die Frage so verstanden. Der Journalist sagte wörtlich (und sprachlich etwas missglückt): „Die Frage ist ja, ob man mehr ihm hilft, weiterzumachen." Breuer antwortete: „Das halte ich für relativ fraglich. Was alles man darüber lesen und hören kann, ist ja, dass der Finanzsektor nicht bereit ist, auf unveränderter Basis noch weitere Fremd- oder gar Eigenmittel zur Verfügung zu stellen. Es können also nur Dritte sein, die sich gegebenenfalls für eine, wie Sie gesagt haben, Stützung interessieren." Im Klartext: Keiner vertraut Kirch mehr, keiner gewährt ihm mehr Kredit, das wissen doch alle. Diese Worte hatten eine durchschlagende Wirkung: Alle anderen Banken kündigten Kirchs Kredite, die Kirch-Gruppe musste Insolvenz anmelden.

Kirch klagte seinerzeit gegen die Deutsche Bank und Rolf Breuer auf Schadenersatzfeststellung – und bekam 2006 vom Bundesgerichtshof recht. Ein paar Monate später nahm Breuer seinen Hut und gab sein Mandat als Aufsichtsratsvorsitzender der Deutschen Bank auf. Im Frühjahr 2007 verklagte Leo Kirch dann die Deutsche Bank auf 1,6 Milliarden Euro Schadenersatz und erhöhte diese Forderung Anfang 2008 noch einmal auf insgesamt 3,7 Milliarden Euro. Die Deutsche Bank weigert sich bislang natürlich, diese Summe zu bezahlen. Die Gerichte dürfen sich wohl noch lange mit diesem spektakulären Fall befassen, der wie kaum ein anderer die Macht dokumentiert und auch den Wert beziffert, den Worte haben können. Understatement bedeutet da auch: Vorsicht mit dem, was ich sage.

Verwaltungshengste und Paragraphenreiter

Meine ganz persönliche Galionsfigur in Sachen ehrlicher Kommunikation ist übrigens Paul Kirchhof. Der Verfassungs- und Steuerrechtler machte im Wahlkampf 2005 von sich reden, als er zum Kompetenzteam der CDU um Angela Merkel stieß. Für den Fall eines Wahlsiegs war er sogar als Finanzminister in Merkels Kabinett vorgesehen, hatte jedoch von vornherein gesagt, dass er dieses Amt nicht übernehmen werde, falls es zu einer großen Koalition käme. Kirchhof war in den achtziger und neunziger Jahren Richter am Bundesverfassungsgericht und leitet seit 2000 neben einem Lehrstuhl der Juristischen Fakultät an der Universität Heidelberg auch die Forschungsgruppe Bundessteuergesetzbuch. Dort erarbeitete er ein Steuermodell, das nicht nur das Steuerrecht vereinfachen soll, sondern auch darauf basiert, dass sich der Staat aus dem Wirtschaftsleben wieder etwas mehr heraushält.

Ich habe ihn als typischen Wissenschaftler erlebt, als einen, der sich aus Äußerlichkeiten nicht viel macht, dem dafür die Inhalte bedeutend wichtiger sind als die Form. Er hat in seinem Leben und in seiner Karriere unglaublich viel nachgedacht, geforscht, entwickelt und überlegt, wie man unser deutsches Steuersystem vereinfachen könnte. Komplizierte Abschreibemodelle, verdeckte Subventionen, Privilegien für einzelne Eliten – das alles wollte er abschaffen und ein basisnahes, für jeden Bürger nachvollziehbares Modell kreieren. Und das gelang ihm auch. Dreh- und Angelpunkt dieses Modells war der einheitliche Steuersatz von 25 Prozent, die sogenannte Einheitssteuer, und zwar für alle, Bürger und Unternehmen. Mit den Daten der Finanzministerien zweier Bundesländer nahm Kirchhof Modellrechnungen vor. Das Ergebnis: Durch diesen vereinfachten Steuersatz würde der Staat sogar deutlich mehr Steuergelder einnehmen als bisher. Die Crux an der Sache: Finanzexperten, Steuerberater & Co. hätten nichts mehr zu tun. Es gibt zu viele Interessen, die mit unserem nichtfunktionierenden Steuersystem verbunden sind. Mein Bauchgefühl sagt mir, dass das der eigentliche Grund für die Kritik an Kirchhofs Steuermodell war. Aber das ist ja gar nicht der Punkt, um den es mir hier geht.

Ich schätze Paul Kirchhof als überzeugten Demokraten ein, dem das Wohl der Gesellschaft am Herzen liegt. Unermüdlich hat er betont, dass die deutsche Sprache eine Grundlage des demokratischen Rechtsstaates darstellt und deswegen klar, nachvollziehbar und verständlich sein müsse. „Die Sprache ist Form und Zeichen für Recht, sie ist seine Grundlage und sein Werkzeug zugleich", schrieb er einmal. Rechtsprechung, Gesetzgebung und Verwaltung seien verpflichtet, den Bürgern so gegenüberzutreten, dass sie von ihnen verstanden werden können. Das sollten sich so manche Paragraphenreiter übers Bett hängen, finde ich.

Gut gefallen hat mir auch, was Paul Kirchhof anlässlich der Verleihung des „Jacob-Grimm-Preises Deutsche Sprache" gesagt hat, den er 2005 für sein Engagement für die Verständlichkeit von Rechtstexten verliehen bekam: „Der demokratische Bürger in Deutschland wird völlig unterschätzt. Man kann einen argumentierenden Wahlkampf führen, in dem in klarer Sprache die Probleme und die verschiedenen Lösungsmöglichkeiten in Licht und Schatten dargestellt und diskutiert werden. Wer sagt, das könne man dem Bürger nicht zumuten, der verkennt die Stärke unserer Demokratie in Deutschland."

Es ist immer wieder das gleiche: Wer seine Geschenke, sein Gold, seinen Status, sein Wissen, seine Worte dazu einsetzt, Leben zu fördern und einfacher zu machen, andere zu ermutigen, der hat verstanden. Wer Worte dagegen einsetzt, um zu verschleiern und zu zerstören, hat es nötig. Aber auch der hat es nötig, der die Worte benutzt, um sich zu distanzieren, um Nachfragen zu verhindern, um Durchschaubarkeit zu vermeiden. Das kann eben auch der Staat sein, die Rechtsprechung, die Verwaltung – beziehungsweise die Lobby, die dahintersteht.

Worte sind Segen oder Fluch

Ob nun ein Rolf Breuer einen Leo Kirch in Grund und Boden redet, ob ein Finanzexperte gezielt Informationen lanciert, die dafür sorgen, dass die Aktienwerte eines Unternehmens ins Bodenlose stürzen, oder ob ein Vater lobend oder tadelnd zu seinem Kind spricht: Worte sind mächtig. Und wie. Dieses Grundprinzip gilt für alle Ebenen der Gesellschaft, für alle Bereiche des Lebens. Welche Worte der Ermutigung oder Abwertung Kinder mit auf den Weg bekommen, prägt sie mitunter ein Leben lang. „Das schaffst du nie!" „Du hast zwei linke Hände!" „Du bist sogar zu dumm zum Fahrradfahren!" Kommt Ihnen das bekannt vor? Solche Sätze sind wie Flüche. Sie traumatisieren. Experten bezeichnen diese Sätze als „Glaubenssätze", die das Selbstbild eines Menschen entscheidend prägen und schwer aus seiner Gedankenwelt zu löschen sind. Es sind subjektive Botschaften, die häufig der Realität nicht entsprechen und mehr etwas mit dem zu tun haben, der sie aussendet, als mit dem, über den sie verhängt werden. Sie führen dazu, dass ein Mensch mit einer manuellen Begabung diese niemals für sich entdecken kann, weil ihm immer dieser Satz im Weg steht: „Schon mein Vater hat doch immer gesagt, dass ich zwei linke Hände habe, also brauche ich es auch gar nicht erst zu probieren." So ergreift er vielleicht einen kaufmännischen Beruf, kommt aber nie so recht auf einen grünen Zweig damit, denn er muss sich quälen und anstrengen, und wo die Leichtigkeit fehlt, kann es niemals tiefgehende Erfüllung und Erfolg geben.

Diese Konditionierung erleben nicht nur Kinder, sondern bestimmt auch junge Menschen in der Ausbildung. Dort sind sie vielleicht mit einem Ausbilder konfrontiert, der aus irgendwelchen, nicht nachvollziehbaren Gründen einen anderen Auszubildenden vorzieht, besser fördert und mit den entsprechenden positiven Botschaften überzieht. Sie selbst werden mit Worten kleingehalten, mausgrau gemacht, denunziert, chancenlos gelassen.

Sicher kommt es auch darauf an, wer die Worte aufnimmt, denn sie sind wie Saatgut, das ausgesät wird. Manche Saatkörner fallen auf einen felsigen Grund und bringen nicht viel ein. Andere fallen auf fruchtbaren Boden und ermöglichen reichen Ertrag. Mit anderen

Worten: Wer nicht offen für eine hilfreiche Botschaft ist, sondern schon längst versteinert, bei dem kommen auch gute, hilfreiche, unterstützende Worte nicht an. Aber das liegt dann ganz in seiner Verantwortung – was er mit den Worten anfängt.

Menschen mit Understatement sind sich der Wirkkraft ihrer Worte bewusst und übernehmen die Verantwortung für ihre Worte. Sie sind mündig. Sie haben das Ruder ihres Lebens fest im Griff. Auch Unternehmen können mündig sein. Das sind sie dann, wenn sie sich nicht hinter inhaltsleeren Pressemitteilungen verstecken müssen. Das haben sie aber erst dann nicht mehr nötig, wenn sie auch in guten Zeiten mit den Stakeholdern kommunizieren. Solange der Himmel blau ist. In dieser Zeit kann ein Grundvertrauen aufgebaut werden, das auch auf die Mündigkeit der Öffentlichkeit setzt, sprich: sie auch mit ihren Bedenken und Vorbehalten ernst nimmt und ihr zutraut, sich selbst eine Meinung zu bilden. Wenn ein Unternehmen sich so verhält, dann ist ein Fundament da. Und nur das nützt etwas im Krisenfall, im Gegensatz zu blumigen Worten.

Kapitel 6 – Marmolejo: 6.108 Meter
Wer es nicht nötig hat, andere dumm aussehen zu lassen

Das war doch mal was! Die Topriege der deutschen Motivationstrainer kam zusammen, um einen ganzen Tag lang über die Geheimnisse des Erfolgs zu sprechen. Auf keinen Fall wollte ich das verpassen. Also reiste ich mit meiner Frau in jene deutsche Großstadt, wo die eintägige Veranstaltung stattfand. In der dortigen Kongresshalle hatten sich über 2.000 Menschen eingefunden, es herrschte ein unglaublicher Andrang. Im Stundentakt sprachen dann die Motivationstrainer über ihre Themen. Wir hörten manch Neues, viel Altbekanntes, fühlten uns inspiriert und motiviert, plauderten in den Pausen mit Kollegen – es war alles so, wie man es sich für einen solchen Tag wünscht. Am Nachmittag stand dann eines der vermuteten Highlights des Tages auf dem Programm: So ein richtiger Trainerstar hatte sich angesagt. Ich war ziemlich gespannt auf diesen Referenten, denn ich hatte schon viel über ihn gehört und gelesen und herausgefunden, dass sein Tagessatz dem Kaufpreis eines gut ausgestatteten Kleinwagens entspricht. Da waren meine Erwartungen entsprechend hoch.

Und dann kam er federnden Schrittes auf die Bühne – der Star des Nachmittags. Er trug den Kopf stolz erhoben, diese Haltung wirkte schon ziemlich arrogant, das war mein erster Eindruck von ihm. Seine Kleidung war formal-korrekt, die Brille klassisch, der Blick kalt, sein Gesichtsausdruck regungslos. Wie ein Showmaster schnappte er sich sofort ein Handmikrofon, verließ die Bühne und kam herunter in den Saal, zum Publikum. Dort schritt er redend und gestikulierend durch die Reihen. Was genau er da von sich gegeben hat, weiß ich nicht mehr. Denn die Erinnerung an die darauffolgende Szene hat alles verdrängt, was unmittelbar davor geschah.

Der Trainer blieb nämlich vor einem Teilnehmer der Veranstaltung stehen, einem Herrn, vielleicht Mitte 40, unscheinbar, aber nicht unsympathisch. Vor dem baute sich der Bühnenstar also auf. Er befahl ihm, ebenfalls aufzustehen. Ich dachte, ich traue meinen Ohren nicht. Der Herr stand tatsächlich brav auf und starrte den Trainer an. Und der faltete ihn dann nach Strich und Faden zusammen! Machte ihn vor 2.000 Leuten zur Schnecke. „Wie stehen Sie denn eigentlich da?", schnauzte der Erfolgstrainer den völlig überrumpelten Zuhörer an. „Es wundert mich überhaupt nicht, dass Sie keinen Erfolg haben im Leben, im Beruf! Dass Sie keine Karriere machen! Mit so einer Körperhaltung erreichen Sie gar nichts! Niemals!" Dem armen Teilnehmer klappte förmlich der Unterkiefer herunter. Er bekam noch nicht einmal eine Chance auf eine Entgegnung, denn schon längst schritt der Trainer munter weiter durch die Reihen. Ob er sich bewusst darüber war, was es hieß, dass er gerade einen Menschen vor versammelter Mannschaft gedemütigt hatte? Die übrigen Zuhörer saßen übrigens wie gelähmt da. Schockiert, entsetzt. Es war mucksmäuschenstill. Der Trainerguru hatte sich mittlerweile noch zwei weitere Teilnehmer vorgeknöpft und sie auf die gleiche brutale Art und Weise rundgemacht. Irgendwann ging er auf die Bühne zurück und bellte mit seiner etwas gepresst klingenden Stimme in das Mikrofon: „Gut, dass Sie alle hier sind! Jetzt wird es Zeit, dass ich Ihnen mal die Grundregeln des erfolgreichen Auftretens beibringe!"

Mir läuft heute noch ein kalter Schauer über den Rücken, wenn ich daran denke, wie nötig es dieser Mann hatte, andere niederzumachen, andere dumm dastehen zu lassen. Nur damit er einen effektvollen Einstieg in seinen Vortrag hatte. Denn darum ging es ihm einzig und allein. Es ging ihm nicht darum, seinem Publikum mit Humor oder Menschlichkeit auf Augenhöhe zu begegnen. Es ging ihm darum, sein Image, sein Profil zu schärfen – als „der härteste Trainer". So verkaufte er sich nämlich, und zwar auf Kosten anderer. Ich war vollkommen entsetzt über diesen Mann und froh, als er seinen Vortrag endlich beendet hatte, das können Sie mir glauben. Der nächste Redner sprach über „Love Selling – Verkaufen mit Liebe". Das war im Vergleich, als würde man sich sanft in eine Badewanne mit warmem Wasser gleiten lassen.

Und dennoch – der harte Hund hatte den nachhaltigsten Eindruck hinterlassen. Bei allen, mit denen ich hinterher sprach. Auch bei mir. Und genau das war seine Masche. Er kommt, macht die Leute platt, um sie dann wieder aufzubauen. Das mag zwar eine pädagogische Methode aus den sechziger Jahren sein, wie mir eine andere Teilnehmerin hinterher erklärte, viel besser macht es das aber auch nicht. Denn die Sechziger sind vorbei! Mir kam diese Methode ausgesprochen verdächtig vor, eher wie eine Ideologie. Was soll daran pädagogisch wertvoll sein, Menschen zu demütigen, um sie dann wieder aufzubauen? Das macht nur jemand, der es nötig hat. Der selbst ein Defizit hat, ein gewaltiges. Übrigens: Dieser Herr schreibt mir alle zwei bis drei Jahre einen Brief und beschwert sich darüber, dass wir seine Frau – ebenfalls eine Trainerin, allerdings mit einem anderen Ansatz – niemals für eine unserer Veranstaltungen buchen. Muss ich Ihnen noch erklären, warum wir das nicht tun? Wohl kaum.

Hau ab, Mann!

Mir fallen noch einige andere Situationen ein, in denen man ganz schön dumm aussieht – und es gelegentlich mit Menschen zu tun hat, die einen dann auch noch dumm dastehen lassen. Vor nicht allzu langer Zeit war ich einmal zu einem abendlichen Event in einer Bank eingeladen. Es begann mit einem Stehempfang. Bei solchen Gelegenheiten ist es ja durchaus üblich – vor allem, wenn man niemanden der Anwesenden kennt –, sich zu einem kleinen Grüppchen zu gesellen, sich kurz vorzustellen und dann zu versuchen, in das Gespräch der Gruppe mit einzusteigen. In der Theorie ist das zumindest so. Ich schlenderte also mit meinem Glas Sekt in der Hand durch die Teilnehmerschar. Irgendwann stieß ich auf zwei Damen und einen Herrn, die ein angeregtes Gespräch führten. Ich stellte mich dazu und die drei stoppten nach zwei Sekunden ihr Gespräch. Mir war dann auch sofort klar, warum: Die Teilnehmer waren Angestellte der Bank und hatten vertrauliche Interna diskutiert. Ich stellte mich also vor und versuchte ein Gespräch zu starten. Keine Reaktion. Gar keine. Sie schwiegen mich einfach an. Ich startete einen neuen Versuch. Fragte irgendetwas zum weiteren Verlauf des Abends. Einer knurrte eine Antwort wie „Weiß ich nicht". Was er wirklich sagte, habe ich vergessen.

Aber die Botschaft, die ich empfing, war klar: Was will der Blödmann hier? Warum mischt der sich ein? Sprich: Die Banker ließen mich einfach auflaufen. Ganz schön dumm dastehen. Sie konnten oder wollten kein Gespräch mit mir führen, keinen gepflegten Smalltalk. Irgendwann gab ich auf, verabschiedete mich und verließ die Gruppe. Kaum hatte ich mich herumgedreht, nahmen die drei ihr lebhaftes Gespräch wieder auf. Wenn ich nicht in derselben Minute auf den Direktor der Bank gestoßen wäre, der mich zu dieser Veranstaltung eingeladen hatte und mich nun in ein freundliches Gespräch verwickelte, hätte ich diesen Tempel des Frostes wohl ziemlich schnell wieder verlassen.

Eine weitere Spielart des Dumm-dastehen-Lassens fällt mir ein. Stellen Sie sich vor, Sie haben einen Termin bei einem Kunden. Dieser Kunde hat Sie eingeladen, weil er eine mögliche Kooperation besprechen will. Sie reisen also dorthin, kommen pünktlich an, geben am Empfang Bescheid, dass Sie da sind. Kurz darauf erscheint die Assistentin der Personalchefin, mit der Sie verabredet sind, und geht mit Ihnen nach oben, Richtung Sitzungsraum. Unterwegs kommt Ihnen dann die Personalchefin entgegen. Sie begrüßt Sie aber überhaupt nicht, sondern raunzt nur ihre Assistentin an: „Ich habe den Termin jetzt abgesagt, weil ich noch weg muss. Und der Sitzungsraum ist auch belegt, nur für den Fall, dass Sie das noch nicht mitgekriegt haben!" Die blass gewordene Assistentin schiebt Sie daraufhin in ihr Büro, verschwindet für fünfzehn Minuten und kommt dann wieder – mit einem Kollegen, der wenig Ahnung hat, um was es geht, und so verdutzt aus der Wäsche schaut, als wäre er gerade auf dem Flur eingesammelt und unter Androhung von Urlaubsentzug dazu verdonnert worden, diesen Termin mit Ihnen wahrzunehmen. Glauben Sie nicht, dass es so etwas gibt? Doch! Ich habe diese Situation vor wenigen Monaten so erlebt. Und mich ziemlich schlecht behandelt gefühlt. Im Regen stehen gelassen. Was hätte es die Personalchefin gekostet, mich angemessen zu begrüßen und sich bei mir für den geplatzten Termin zu entschuldigen? Oder ihre Prioritäten anders zu setzen und den Termin mit mir trotzdem wahrzunehmen, zu dem ich schließlich eigens angereist war und durch den ich fast einen ganzen Arbeitstag verloren hatte? Wie auch immer: Aus irgendeinem Grund hatte sie es nötig, mich dumm aussehen zu lassen.

Es gibt aber auch sehr viele kleine Alltagssituationen, in denen man andere dumm dastehen lassen kann – oder auch nicht. Versprecher sind immer schöne Beispiele dafür. Sie unterlaufen jedem, in allen möglichen und unmöglichen Situationen. Einer meiner früheren Kollegen erzählte einmal in großer Runde, dass er in einem der besten Restaurants der Gegend gespeist habe und dass irgendetwas mit dem Essen nicht in Ordnung gewesen sei. Daraufhin, so tönte er lauthals, sei er an die *Rezeption* gegangen, um sich zu beschweren, und habe den *Restaurantmanager* mal so richtig rundgemacht. Keiner der anderen Kollegen am Tisch korrigierte ihn. Dabei wäre es ein Leichtes gewesen, ihm einen Spiegel vorzuhalten mit Blick auf die Häme, die er gerade über das Personal des Restaurants gegossen hatte.

Ebenfalls zum Alltag gehören Situationen im Straßenverkehr. Der Klassiker hier: Einer versucht rückwärts einzuparken und legt mit seiner etwas hilflosen Hin- und Herrangiererei den ganzen nachfließenden Verkehr lahm. Der gezielte Schlag auf die Hupe ist für viele Zeitgenossen das Mittel der Wahl. Aber eigentlich ist eine Hupe doch ein Instrument, um andere zu warnen, oder? Und keins, um andere zu maßregeln oder zu bestrafen. Wie auch immer, wer bei jeder Kleinigkeit im Straßenverkehr ausrastet und mit seiner Hupe andere drangsaliert und dabei unter Stress setzt, anstatt zu helfen und zu unterstützen, signalisiert damit ganz bestimmt nicht, dass er der Autofahrer mit Understatement ist, sondern einer, der es nötig hat. Mich freut dagegen immer, wenn Fahrer von Limousinen mit 300 PS geduldig warten und andere, zum Beispiel Fußgänger, Vorrang gewähren. Stärke, die man andere nicht permanent spüren lassen muss, hat Stil.

Was im Alltag manchmal vorkommt, ist, dass man mit dem falschen Namen angesprochen wird, obwohl man sich natürlich korrekt vorgestellt hat. Wer hier sagt: „Sie haben mich nicht richtig verstanden, mein Name ist soundso" lässt den anderen dumm dastehen. Wer dagegen souverän, lässig und understatet sagen kann: „Ich habe vielleicht etwas undeutlich gesprochen, mein Name ist ...", der hat verstanden: Understatement zeigt sich eben auch darin, den anderen nicht bloßzustellen, nicht vorzuführen, nicht öffentlich zurechtzuweisen. Und das ist im Übrigen auch wichtiger als jede Etiketteregel.

Kennen Sie die Geschichte, die sich einmal bei einem Staatsbankett des spanischen Königs zutrug? Ehrengast dieses Banketts war ein Würdenträger aus einem fernen Land. Irgendwann im Lauf des Abends nahm dieser Ehrengast das Schälchen mit Zitronenwasser, das eigentlich zur Reinigung der Hände gedacht war, und trank daraus. Alles erstarrte. Der spanische König aber blieb ganz cool, nahm seine Fingerbowle, prostete dem Gast zu und trank ebenfalls daraus.

Was tut man nicht für einen Milchshake!

Menschlichkeit, Einfühlungsvermögen, Gelassenheit und das Bemühen darum, den Ehrengast vor Bloßstellung zu schützen – das hatte der spanische König mit dieser souveränen und irgendwie auch sehr charmanten Geste demonstriert. Beeindruckend, oder? Das lässt mich an eine Situation denken, die ich selbst durchlitten habe und die zu den peinlichsten Erlebnissen meines Lebens gehört, aber auch zu den Jugenderlebnissen, die mir am besten im Gedächtnis haften geblieben sind, weil ich von ein paar sehr souveränen Herren nicht vorgeführt wurde. Das war 1981, ich hatte gerade mein Abitur gemacht und war zu meinem ersten Assessment Center eingeladen worden – was in dieser Zeit wirklich noch etwas Besonderes und Aufregendes war. Dementsprechend nervös war ich auch. Am ersten Tag musste ich an der Universität Freiburg einen Denkstrukturtest absolvieren, das lief eigentlich sehr gut. Am zweiten Tag standen dann Rollenspiele und diverse praktische Übungen auf dem Programm. Die machten mir durchaus Sorgen. Würde ich in der Lage sein, spontan, souverän und kompetent zu agieren?

Kurz bevor die Übungen beginnen sollten, ging ich noch einmal zur Toilette. Und bekam den Reißverschluss meiner Hose nicht mehr zu. Irgendetwas hatte sich da verhakt! War das zu fassen? Ich hatte natürlich keine Sicherheitsnadel dabei und auch keine Idee, wie ich mir noch eine hätte beschaffen können. Was ich allerdings hatte, war meine Lederjacke. Ich zog sie also aus, drapierte sie über meinen Arm und hielt den Arm so, dass die herabhängende Jacke den offenen Reißverschluss verbarg. Puh! Unruhig lief ich auf dem Gang vor dem Prüfungsraum auf und ab. Die Herren von der Prüfungskommission riefen mich irgendwann herein und baten mich, abzulegen. Ich tat so, als hätte ich nichts gehört. Noch einmal wurde ich freundlich aufgefordert, die Jacke an die Garderobe zu hängen. Ich stellte mich taub. Einer der Herren merkte dann, dass etwas nicht stimmte, und gab wohl seinen Kollegen ein kleines Signal. Fortan benahmen sich alle so, als wäre diese Jacke an meinem Arm nicht da.

Das Assessment Center nahm seinen Lauf. Ich überstand die Rollenspiele und die Übungen ganz gut, weil diese Herren von der Prüfungskommission völlig normal mit mir umgingen, trotz der Unsicherheit, die ich an den Tag legte. Wie dankbar ich für deren souveräne Reaktion war, können Sie sich vielleicht ausmalen. Irgendetwas an meinem verzweifelten Auftritt muss die Herren dann aber doch überzeugt haben, denn den Job, um den ich mich beworben hatte und dessentwegen ich zum Assessment Center eingeladen worden war, habe ich tatsächlich bekommen.

Eine der haarsträubendsten Geschichten zum Thema „Andere dumm aussehen lassen" hat mir allerdings einmal ein Kollege erzählt. Er arbeitet als Trainer und ist auch oft zusammen mit anderen Trainern für irgendwelche Veranstaltungen, Seminare oder Tagungen gebucht. Einmal war er gemeinsam mit einem Bestsellerautor von Managementbüchern engagiert. Die Vorliebe dieses Autors für die Restaurants einer amerikanischen Fastfood-Kette ist bekannt. Also steuerten die beiden in der Mittagspause eines dieser Restaurants an. Der Starautor bestellte ein Spar-Menü, das aus einem Burger, einer Portion Pommes frites und einem Kaltgetränk besteht. Statt des Kaltgetränks wollte er aber lieber einen Milchshake haben. Der Mitarbeiter der Fastfood-Kette sagte natürlich, dass der günstige Menüpreis nur gelte, wenn er das Kaltgetränk nehme, nicht aber den Milchshake, und er deswegen für den Milchshake extra bezahlen müsse. Was hätte er auch anderes sagen sollen? So waren die Vorschriften, und hätte er sie wissentlich ignoriert, wäre er unter Umständen seinen Job losgewesen. Der Bestsellerautor zog daraufhin allerdings mit ungerührter Miene ein Diktiergerät aus der Tasche, drückte die Aufnahmetaste und sprach auf Band: „Heute ist Montag, der 16. Juli Zweitausendsoundso, ich befinde mich in der Filiale München der Fastfood-Kette Lalala, vor mir steht der Mitarbeiter soundso und weigert sich, mir ein Spar-Menü mit einem Milchshake zu geben."

Das Tondokument dieser Aufnahme schickte der Herr dann an die Deutschlandzentrale der Fastfood-Kette. Und weil der Herr eben eine so große Nummer ist und Millionen von Büchern verkauft, stellte sich das Management nicht etwa hinter den Mitarbeiter, der sich absolut korrekt verhalten hatte. Nein, sie entschuldigte sich mit einem blumigen Brief bei Herrn Professor Prominent und versprach, dass Derartiges nie, nie mehr vorkommen werde! Selbstverständlich könne ein Mann wie er jederzeit zu seinem Sparmenü auch einen Milchshake haben! Der Bestsellerautor soll seither dieses Schreiben immer in der Brieftasche haben. Und zückt es wohl bei jedem Besuch der Fastfood-Restaurants, wedelt damit vor der Nase eines Mitarbeiters herum, sobald der ihn darüber informieren will, dass zum Spar-Menü eben kein Milchshake gehört. Und fragt ihn: „ Wollen Sie das selbst auch erleben?" So viel ist klar: Sozial geländegängig ist das nicht. Und mit Understatement hat das ungefähr so viel zu tun, wie im Smoking ins Freibad zu gehen. Hier hat vielmehr einer Spaß daran, sein Umfeld ganz dumm aussehen zu lassen. Wegen läppischer 2 Euro. Das kostet so ein Milchshake nämlich. Aber darum geht es ja nicht, sondern um das Ego.

Hart gleich kompetent

Was glauben Sie, was manche Menschen dazu motiviert und antreibt, andere dumm aussehen zu lassen? Solche Zeitgenossen, so scheint mir, laufen in einem permanenten Fehlersuchmodus. Ihre gesamte Wahrnehmung, ihre Beobachtungen sind nur darauf ausgerichtet, Fehler aufzuspüren, die andere machen – seien es nun Versprecher, Verstöße gegen die Etikette – oder auch blamable Situationen, in die jemand gerät. Dieses Muster, dieser Fehlersuchmodus, zeichnet im Übrigen auch viele Führungskräfte aus. Einer meiner früheren Chefs hatte sogar eine extra Kladde, in der er über Wochen und Monate hinweg die Fehler aufschrieb, die seine Mitarbeiter gemacht hatten. Bei den Mitarbeitergesprächen packte er dann immer die Kladde aus und las die gesammelten Fehltritte vor. Überaus konstruktiv, oder? Und so ungemein wertschätzend. Dieser Chef hätte sich mal eine dicke Scheibe vom „Minuten-Manager" abschneiden können. Kennen Sie dieses Buch von Kenneth Blanchard? Der amerikanische Unternehmer schreibt darin, dass ein guter Chef nicht nach den Fehlern sucht, die seine Mitarbeiter machen, sondern dass er sie eigentlich immer dann „erwischen" soll, wenn sie gerade etwas besonders gut machen, und sie dann aber auch explizit loben soll: „Ich habe sie gerade zufällig beobachtet, wie Sie das gemacht haben, und das fand ich klasse!"

Das soll heißen: Wer versucht, andere glänzend – anstatt dumm – dastehen zu lassen, der hat den Stil des Erfolgs verinnerlicht. Wer anderen eine Bühne bereitet, zeigt, dass er echte Chefqualitäten hat. Derjenige, der sich selbst auf Kosten der anderen in den Vordergrund spielen muss, wer sich selbst in den Mittelpunkt stellt, ist lediglich ein besserer Schauspieler. Wer anderen eine Bühne gewährt, hat die Fäden in der Hand, ist der Regisseur. Mit Bescheidenheit hat ein solches Verhalten rein gar nichts zu tun, sondern es stellt in meinen Augen eine gesunde Form von Selbstbewusstsein dar. Wer andere glänzen lassen kann, weiß genau, dass er der Chef ist, der sich sowohl seiner Stärken als auch seiner Kompetenz bewusst ist. Und er weiß auch genau, wen er da in seinem Team hat und was die Stärken und Schwächen jedes Einzelnen im Team sind.

Erinnern Sie sich an die Szene mit dem Trainerguru, die ich Ihnen am Anfang des Kapitels geschildert habe? Als ich da so saß und seinen Vortrag über mich ergehen ließ, fragte ich mich natürlich, was einen derart erfolgreichen Referenten dazu bringt, sich so aufzuführen. Das Ergebnis meiner Überlegungen: Dieser Mensch lässt sich von einer Imageethik, nicht von einer Werteethik leiten. Sein Image ist das eines harten Hundes. Als solcher will er gesehen werden und als solcher verkauft er sich. Denn ein harter Hund zu sein – das ist das Ideal eines Managers. Harte Hunde sind cool. Kompetent. Je härter, desto kompetenter. So denkt der konservative Old-Economy-Manager. Und konservative Old-Economy-Manager sind nun mal die Zielgruppe dieses Rhetoriktrainers. Also gebärdet er sich so, wie seine Zielgruppe gerne sein möchte. Er hat sich in den Kopf gesetzt, einem bestimmten Bild zu entsprechen, und das zieht er sehr erfolgreich durch, ohne Rücksicht auf Verluste, weil es immer noch viel zu viele Führungskräfte gibt, die einfach nicht begriffen haben, dass ein preußischer Generalston nebst vertikal hierarchisierten Unternehmensstrukturen völlig von gestern sind. Härte gilt leider noch in viel zu vielen Köpfen als Führungsqualität. Auch in der Politik ist das so. Das kann man immer wieder schön sehen, wenn Menschen, die sich kooperativ verhalten, von allen Seiten attackiert werden. Die typische Forderung der Leitartikel in den großen Printmedien lautet dann reflexartig: Die Bundeskanzlerin – oder wer auch immer – muss mehr Führungsstärke beweisen! Ruhe im Blätterwald kehrt erst dann wieder ein, wenn der Vizekanzler zusammengefaltet wurde.

Alle sind doof, nur ich nicht

Dumm dastehen lassen – das funktioniert aber nicht nur von oben nach unten, sondern durchaus auch umgekehrt. „Mein Chef ist ein solcher Idiot, der hat seinen Laden überhaupt nicht im Griff!", zu solchen Einschätzungen dürften nicht wenige Menschen in ihrem Leben schon gekommen sein. Sicher: Ein Chef macht Fehler und hat mitunter blöde Ideen. Wer ihn aber deswegen generell als Nichtskönner abstempelt, stellt sich selbst in einem nicht gerade günstigen Licht dar. Der läuft auch Gefahr, sich eine Alle-sind-blöd-nur-ich-nicht-Haltung zuzulegen und sich irgendwann nur noch als unschuldiges Opfer der Versager um sich herum zu fühlen. Und der kann den Wert der Menschen – seien sie nun Vorgesetzte oder Kollegen – trotz deren Macken und Fehler nicht mehr schätzen. Arroganz und Bitterkeit sind die Folgen. Arrogante und verbitterte Menschen sind aber nicht mehr teamfähig.

Es gibt einige Bücher, die sich mit einer pauschalen Chef-Schelte profilieren oder Mitarbeiter zur Hatz gegen die „Nieten in Nadel-streifen" aufrufen. Ich sehe da durchaus eine Doppelmoral, die übrigens auch im Fall Zumwinkel überall zu spüren war. Mitarbeiter (oder sagen wir besser: Menschen) messen gerne mit zweierlei Maß, mit einem für sich und mit einem für das Führungspersonal. Wenn sie selbst den Fliesenleger schwarz beschäftigen, mal eben die alte Brille mit den ausgeleierten Bügeln als Schadensfall an die Versicherung melden oder keine GEZ-Gebühren bezahlen – alles kein Problem. Kavaliersdelikt. Wer regt sich denn da schon auf. Merkt doch eh keiner. Machen doch alle so. Wenn aber dann ein Herr Zumwinkel versucht, sich gewisse steuerliche Vorteile zu ver-schaffen, dann geht das natürlich gar nicht. Schon klar.

Illoyale Mitarbeiter, die schlecht über ihren Chef, über das Unter-nehmen sprechen, in dem sie arbeiten, lassen dann eben die Firma und deren Führungskräfte dumm aussehen. Anstatt einen gemein-samen Spirit zu leben und ihren Teil zu einer tragfähigen und guten Unternehmenskultur beizutragen, profilieren sie sich auf Kosten anderer. Ein understateter Mensch trägt das, was sein Unter-nehmen und sein Chef tun, mit. Der redet wertschätzend über sei-nen Arbeitgeber und positioniert sich nicht als interner Kritiker.

Leider musste ich das selbst einmal erleben, und zwar als Chef meines eigenen Unternehmens. Wir hatten uns mit dem gesamten Team in Klausur zurückgezogen. Abseits vom Trubel des Alltagsgeschäfts wollten wir uns ein Wochenende lang über unsere Perspektiven und Ziele austauschen. Wir hatten Geschäftspartner aus der Schweiz und aus Holland eingeladen, um den länderübergreifenden Dialog zu fördern. Als es dann an die inhaltliche Arbeit ging, verkündete eine unserer Mitarbeiterinnen auf einmal, dass sie keine Ziele für das Unternehmen sehen und formulieren könne. Andere könnten das machen, sie allerdings nicht, ihr würde dazu nichts einfallen. Ich war wie vor den Kopf gestoßen. Warum grenzte sie sich so aus? Und ließ uns als Führungskräfte und Initiatoren dieser Veranstaltung so blöd dastehen? Sie signalisierte durch dieses Verhalten: Ich will hier in nichts hineingezogen werden. Ich will nicht Teil dieser Organisation sein. Ich will nicht in die Verantwortung genommen werden.

Wenn Sie schon einmal Seminare geleitet haben, dann wissen Sie: Auch unter den Seminarteilnehmern gibt es immer wieder welche, die es nötig haben, den Seminarleiter vorzuführen. Das tun sie, indem sie prinzipiell gegen ihn argumentieren, ganz egal, was er sagt. Manche machen auch den Klassenkasper und haben immer einen blöden Spruch auf Lager. Ziel dieser Verhaltensweisen: Den Referenten oder Seminarleiter dumm dastehen zu lassen, um davon abzulenken, dass sie selbst nichts leisten oder sich gar anstrengen wollen. Auch das ist eine Möglichkeit, keine Verantwortung zu übernehmen.

Understatement bedeutet Heilung

Im Lauf der Jahre ist in mir die Erkenntnis gereift, dass Menschen, die es nötig haben, andere dumm aussehen zu lassen, Hilfe brauchen. Der Trainerguru zum Beispiel braucht Hilfe: Wenn er sich bewusst so verhält, wie er sich verhält, dann ist er ein Zyniker. Wenn er es unbewusst tut, dann ist er abgestumpft. Hilfe braucht er in jedem Fall. Denn er hat die Grundregel der Menschlichkeit vergessen: Was du von einem anderen erwartest, das tue auch ihm. Wer sich nur spüren und aufwerten kann, indem er andere abwertet, ist in seinem tiefsten Kern ungesund. Wer understatet leben will, muss genau mit diesem Punkt in der Balance sein. Er muss wissen, was er verdrängt, wovor er Angst hat: zu versagen, vor Macht- oder Kontrollverlust, Anerkennung zu verlieren vom Partner, von Mitarbeitern, Angst, nicht genug Mann oder Frau oder Chef zu sein, nicht gesund oder sportlich genug, was auch immer.

Wo kommen diese Ängste her? Sie resultieren aus Gefühlen der Minderwertigkeit, aus Verletzungen, oft noch aus der Kindheit oder aus falschen Botschaften, die ein Mensch empfangen hat und die wie Flüche auf seinem Leben lasten. Diese Verletzungen sind – normal. Jeder von uns empfängt und erlebt sie und jeder von uns verletzt wiederum andere. Wer jedoch den Schritt von einer Image-ethik zu einer Werteethik gehen will, sollte diese Verletzungen aufarbeiten. Understatement lebt der vor, dem es gelungen ist, seine Wunden heilen zu lassen, und zwar indem er Hilfe gesucht hat. Entweder im Dialog mit anderen, ganz privat, oder im Rahmen einer Psychotherapie.

Es ist gut und heilsam, durch einen solchen therapeutischen Prozess zu gehen – vor allem dann, wenn jemand schlimme Enttäuschungen und Verletzungen erlebt hat. Das ist ein ehrlicher und authentischer Umgang mit sich selbst: zu akzeptieren, dass es Wunden gibt, dass nicht alles rund und glatt läuft und dass man aufgrund dessen auch anderen Verletzungen zufügt und Fehler macht. Aber sich selbst einzugestehen, dass man Fehler macht, ist eine Voraussetzung dafür, dass man aufhören kann, bei anderen nach deren Fehlern zu suchen. Jedoch ist das nicht die einzige Voraussetzung. Viel wichtiger ist – Vergebung. Wer demjenigen vergeben kann, der einen verletzt hat, kann auch andere um Vergebung bitten, die er wiederum verletzt hat. Das ist nicht leicht. Vielen fällt es sehr schwer, zu einem anderen Menschen zu sagen: Ich bin aus meiner Rolle gefallen, ich habe mich falsch verhalten. Ich bitte um Vergebung. Wer jedoch selbst erfahren hat, wie heilend es ist, anderen vergeben zu können, der kann vielleicht auch andere etwas besser um Vergebung bitten.

Wie gesagt: Jeder von uns macht Fehler und hat seine blinden Flecken. Es gibt keinen Grund, schadenfroh auf Fehlersuche bei anderen zu gehen. Zumindest nicht für Menschen, die wissen, was Stil und Understatement ist. Was uns dagegen nützt: Einem nahestehenden Menschen, vielleicht einem Freund oder der Führungskraft – weniger dem Partner, denn dem fehlt dazu meistens die Distanz –, die Erlaubnis zu geben, uns jederzeit sagen zu dürfen, wenn ihm etwas auffällt an uns, uns jederzeit die Augen öffnen, jederzeit ein offenes Wort äußern zu dürfen.

Vorsicht vor Plastiktüten!

Menschen in Verantwortungspositionen, in Führungsrollen, haben oft besondere Schwierigkeiten zu akzeptieren, dass die Welt nicht perfekt ist, dass sie selbst Fehler machen und andere natürlich auch. Sie rasten bei jeder Kleinigkeit aus. Auch hier ist natürlich die Angst tonangebend: Angst vor Misserfolg, vor Scheitern. Nicht nur vor dem persönlichen Scheitern, sondern vor dem Scheitern des großen Ganzen, des Unternehmens, des Projekts, was auch immer, und Angst vor den Konsequenzen, die das dann für viele Menschen haben mag. Es sind jedoch oft unbewusste Angstmechanismen, denn auf der anderen Seite haben diese Menschen häufig auch ein großes Harmoniebedürfnis.

Das bringt mich auf einen anderen Aspekt. Aus Versagensängsten heraus entwickeln viele Menschen, gerade Führungskräfte, ein unglaublich kompetitives Verhalten. Sie fahren ihre Ellenbogen aus, boxen den anderen aus dem Weg, geschehe, was da wolle. Da bekommt das Thema „Wer es nicht nötig hat, den anderen dumm aussehen zu lassen" noch einmal eine ganz andere Dimension und könnte umbenannt werden in „Wer es nicht nötig hat, den anderen fertigzumachen, auszubooten, aus dem Rennen zu kicken".

Erinnern Sie sich an die Tour de France 2003? Jan Ullrich war angetreten, um endlich seinen großen Rivalen Lance Armstrong zu schlagen, nachdem der das legendäre Radrennen schon viermal hintereinander gewonnen hatte und Jan Ullrich – zumindest in den Jahren, in denen er ebenfalls dabei gewesen war – sich mit dem jeweils zweiten Platz hinter Lance Armstrong hatte begnügen müssen. Aber 2003, beim 100. Jubiläum der Tour, da wollte Jan Ullrich abräumen. Die Chancen standen nicht schlecht für ihn. Er war in ausgezeichneter Form. Selbst eine Lebensmittelvergiftung, unter der er am Beginn der Tour noch litt, konnte ihn nicht bremsen. Die zwölfte Etappe der Tour gewann er sogar mit eineinhalb Minuten Vorsprung vor Lance Armstrong. Es war sein erster Etappensieg seit der Tour de France von 1998.

Die fünfzehnte Etappe war die zweite Königsetappe der Tour, sie führte über den legendären Col du Tourmalet und hinauf nach Luz

Ardiden. Der Col du Tourmalet ist der höchste Straßenpass der französischen Pyrenäen. Die Fahrer müssen über eine Strecke von 18 Kilometern 1.400 Höhenmeter bewältigen, die Durchschnittssteigung beträgt mehr als 7 Prozent. Luz Ardiden liegt auf über 1.700 Metern, auch hier müssen die Fahrer einen langen Anstieg (über 13 Kilometer) über 1.000 Höhenmeter meistern. Beide Anstiege gehören zur schwersten Kategorie und stellen natürlich höchste Anforderungen an mentale und körperliche Kräfte der Fahrer.

An jenem 21. Juli 2003 also, dem Tag der fünfzehnten Etappe, waren die Tagestemperaturen zum ersten Mal während dieser Tour erträglich. Brütende Hitze hatte während der anderen Etappen den Fahrern schwer zugesetzt. Jan Ullrich ging schon früh zum Angriff über und brachte zu Beginn des Anstiegs auf den Col du Tourmalet etliche Meter zwischen sich und Lance Armstrong. Auf der Abfahrt konnte Armstrong allerdings wieder aufschließen und fuhr dann seinerseits eine Attacke beim letzten und entscheidenden Anstieg dieser Tour de France hinauf zum Luz Ardiden. Jan Ullrich konnte ihm folgen, ebenso der Baske Iban Mayo. Die Fans standen wie immer dicht gedrängt an der schmalen Straße. Bei den Bergetappen ist das Tempo der Fahrer natürlich nicht sehr hoch, deswegen liefen viele Fans auch auf der Straße herum und hielten Ausschau nach ihren Favoriten.

Und da geschah es: Lance Armstrong, Iban Mayo und hinter ihnen Jan Ullrich bogen um eine Kurve, und Lance Armstrong verfing sich mit seinem Lenker in einer Plastiktüte eines Fans. Er stürzte und Iban Mayo gleich mit ihm – zum Glück glimpflich. Jan Ullrich konnte in letzter Sekunde ausweichen. Er fuhr weiter und wartete in der kleinen Spitzengruppe, bis sein großer Konkurrent wieder aufgeschlossen hatte. Das gelang Armstrong dann auch schnell, eine Attacke von Iban Mayo konterte er wenig später so konsequent, dass ihm niemand mehr folgen konnte. Er gewann nicht nur diese Etappe, sondern die gesamte Tour de France 2003. Jan Ullrich wurde zweiter mit genau einer Minute und einer Sekunde Rückstand auf Lance Armstrong.

Nach der Tour de France 2003 zeichnete die Deutsche Olympische Gesellschaft Jan Ullrich mit der Fair-Play-Plakette aus, weil er diesen

Sturz Armstrongs nicht zu einem vielleicht tourentscheidenden Angriff ausgenutzt, sondern gewartet hatte, bis sein Konkurrent wieder den Anschluss gefunden hatte. Auch die deutschen Sportjournalisten honorierten Ullrichs Fairness und wählten ihn zum Sportler des Jahres 2003. Mich hat das Verhalten Jan Ullrichs damals ungeheuer beeindruckt. Für mich war er der wahre Toursieger: fair, authentisch, sportliches Understatement. Er hatte es nicht nötig, die Situation auszunutzen, in die sein Mitstreiter so unglücklich geraten war. Er hatte es nicht nötig, innerlich schulterzuckend zu denken „Pech halt!" und sich dann auf- und davonzumachen. Er hatte die Größe, nur einen fair erkämpften Sieg zu wollen, einen Sieg nach einem Kampf, in dem beide Kontrahenten die gleiche Chance gehabt hatten.

Kinder? Abschaffen!

In einer ganz ähnlichen Situation befanden sich der Hamburger Bürgermeister Ole von Beust und sein Herausforderer Michael Naumann eine Woche vor der Hamburger Bürgerschaftswahl im Februar 2008. Beide präsentierten sich in einem Fernsehduell, das der NDR aus dem TV-Studio in Hamburg-Lokstedt live ausstrahlte. Fast eine Stunde lang sprachen die beiden Politiker ausgesprochen friedlich und sanft dahinplätschernd über Bildung, Wirtschaft und Jugendkriminalität in der Hansestadt. Ganz am Ende der Sendung schienen dann noch einmal alle aufzuwachen: Der Moderator gab das Wort an Michael Naumann, damit er in einem Schlussstatement ganz ohne thematische Vorgabe noch einmal seine dringlichsten Anliegen formulieren könne. Michael Naumann legte los – und hatte einen Blackout. Stammelte etwas von Kindern und Bildungsgebühren, die er abschaffen wolle, setzte ein zweites Mal an, nur um sich aufs Neue zu verhaspeln, wieder brach er ab, schaute nach oben, zur Seite, als ob von da irgendwelche Hilfe zu erwarten wäre, und schaffte es dann mehr schlecht als recht bis ans Ende seines Statements.

Ein Konkurrent, der sich um Kopf und Kragen redet: Etwas Besseres kann einem Politiker in einem TV-Duell eigentlich nicht passieren. Ole von Beust aber tat so, als sei überhaupt nichts passiert. Er setzte ohne mit der Wimper zu zucken zu seinem Schlussstatement an und erwähnte Naumanns Blackout mit keinem Wort. Unmittelbar nach der Sendung ging Michael Naumann zu seinem Kontrahenten und beglückwünschte ihn schon einmal vorsorglich zur gewonnenen Wahl, denn nach diesem Fauxpas hätte er selbst wohl alle Chancen auf einen Sieg verspielt. Ole von Beust reagierte mit hanseatischem Understatement. „Das kann passieren", sagte er zu seinem sozialdemokratischen Konkurrenten. „Man ist ja keine Maschine, sondern ein Mensch." Ole von Beust hatte es nicht nötig, aus dem Patzer seines politischen Gegners einen Vorteil zu ziehen. Er hatte es nicht nötig, seinen Sieg auf einen Fehler seines Mitbewerbers zu begründen. Er wollte vielmehr durch seine eigene Persönlichkeit überzeugen. Was ihm auch gründlich gelang. Am 24. Februar 2008 gewann der Christdemokrat Ole von Beust – der übrigens ursprünglich Karl-Friedrich Freiherr von Beust hieß und sich irgendwann seinen Spitznamen in den Ausweis eintragen ließ – die Bürgerschaftswahlen in Hamburg.

Welche Haltung steckt dahinter, wenn Menschen wie Jan Ullrich oder Ole von Beust sich im richtigen Moment zurücknehmen können? Die vermeintliche Schwäche von anderen nicht ausnutzen? Dreh- und Angelpunkt in meinen Augen: das Bild vom Menschen, vom Menschsein, das diese starken und understateten Persönlichkeiten haben und vertreten. Mein Bauchgefühl sagt mir: Sie empfinden sich in ihrem Menschsein als wertvoll. Deswegen können sie auch ihr Gegenüber als wertvoll wahrnehmen und schätzen. Und wer das kann, der hat kein Interesse daran, andere Menschen wertlos und dumm aussehen zu lassen. Je unzufriedener einer ist, desto weniger gönnt er auch anderen etwas, sei es Erfolg, Zufriedenheit, Glück, materielle Dinge, was auch immer. Je reflektierter ein Mensch mit dem umgeht, was er jeden Tag macht, wie er sich verhält, wie er andere behandelt, desto wohlgesinnter kann er sich anderen Menschen nähern. Das schaffen aber nur diejenigen, die ihren Eigenwert kennen, die ihr Wertesystem kennen, die wissen und sich dessen bewusst sind, was ihr Leben ausmacht, die ein Selbstkonzept haben, die das, was sie tun, als wertvoll erachten. Nicht nur für sich, sondern auch für die Gesellschaft. Die sich von Fragen leiten lassen wie: Mache ich aus meinem Leben etwas? Hat das Bestand? Hat das Wert?

Understatement für Fortgeschrittene

Manchmal frage ich mich, wie Führungskräfte den Wert der für sie arbeitenden Menschen eigentlich einschätzen. Sehen sie den menschlichen Wert und den monetären Wert – sprich: ihr Einkommen – als eine Einheit? Oder trennen sie das und machen den Wert eines Menschen ausschließlich am Stundensatz fest? Wodurch sind eigentlich unterschiedliche Stundensätze ethisch vertretbar? Womit ist es zu rechtfertigen, dass ein Bauarbeiter 6 Euro die Stunde bekommt, ein Facharbeiter in der chemischen Industrie 25 Euro die Stunde und ein Unternehmensberater 1.000 Euro am Tag? Schließlich investieren alle drei ihre persönliche Lebensarbeitszeit, und die ist bei allen gleich lang. Der Wert dieser unterschiedlichen Dienstleistungen bemisst sich natürlich an dem, was andere dafür zu bezahlen bereit sind, also an dem Wert, den andere dieser Leistung beimessen. Das hier soll beileibe kein Plädoyer für einen Einheitslohn sozialistischer Prägung werden, sondern nur ein kleiner Denkanstoß. Wir übernehmen meist viel zu unreflektiert ein ökonomisch ausgerichtetes Wertesystem, das automatisch Managerarbeit als viel wertvoller einstuft als manuelle Tätigkeiten, aber das heißt ja nicht, dass man dieses System nicht hin und wieder hinterfragen sollte. Wie sieht Ihr Wertesystem aus? Bemessen Sie den Wert eines Menschen an dem, was er verdient? Ist der Marktwert einer Person identisch mit dem Wert, den diese Person als Mensch hat?

Wieder kommt mir der Trainerstar vom Beginn dieses Kapitels in den Sinn. Und ich betone noch einmal: Er ist auch deswegen so erfolgreich, weil er ein Bedürfnis dieser Businesswelt bedient. Er ist eine Projektionsfläche. Er hält uns den Spiegel vor. Zig Menschen sitzen in seinem Publikum, die davon träumen, andere auch einmal so runterzuputzen, wie er das tut. Er ist erfolgreich und teuer, weil es genügend Menschen gibt, die ihm diesen Wert, dieses hohe Honorar zugestehen und es auch bezahlen. Das ist einem radikal marktwirtschaftlichen Prozess unterworfen. Als Mensch mit Gefühl für Understatement akzeptiert man die Freiheit der anderen, Dinge als wertvoll zu schätzen, die man selbst ablehnt.

Sie sehen: Auch ich ringe mitunter mit Wertekonflikten. Sie souverän zu lösen, das ist Understatement für Fortgeschrittene.

Kapitel 7 – Nepal Peak: 7.163 Meter
Wer es nicht nötig hat, auf dem Tugendross zu reiten

Diese Geschichte könnte ich auch als ein Märchen erzählen, das wie jedes Märchen mit „Es war einmal ..." beginnt. Warum eigentlich nicht? Also: Es waren einmal zwei Brüder, Jochen und Friedhelm. Beide waren als Kinder wilde Lausbuben, später aber tüchtig und strebsam. Sie lernten einen anständigen Beruf und gingen zur Universität. Dann übernahmen sie die Firmen ihres Vaters. Und weil sie tüchtig und strebsam waren, entwickelten sich diese Firmen prächtig. Die Menschen kamen gern zur Arbeit, bauten Schaltschränke und Haushaltsgeräte, die Firma wurde immer größer und größer. Die beiden Brüder kauften in der ganzen Welt andere Firmen dazu, bis sie eine ganze Firmengruppe besaßen. Tausende Menschen arbeiteten für sie. Und die Brüder wurden immer reicher und reicher. Weil sie aber wussten, dass sie ganz besonderes Glück in ihrem Leben hatten und es viele andere Menschen gab, denen es nicht so gut ging wie ihnen, gaben sie etwas ab von ihrem Reichtum. Sie spendeten einen Teil des vielen Geldes, das sie jeden Tag verdienten. Und sie arbeiteten ehrenamtlich für Hilfsorganisationen. Dass sie ihren Reichtum mit anderen teilten, erzählten sie aber niemandem. Sie wollten nicht, dass ...

Ja, was wollten sie denn wohl nicht, diese beiden Brüder? Vermutlich hatten sie einen Horror davor, in der Lokalzeitung anlässlich der Überreichung eines überdimensionierten Schecks an irgendeine Institution abgebildet zu werden. Das könnte ich gut nachvollziehen. Denn das ist der Horror. Wenn ich manchmal in einem Café in unserer Stadt frühstücke und dabei die Gelegenheit nutze, die Lokalzeitung zu lesen, weiß ich immer nicht so richtig, ob ich lachen oder weinen soll angesichts solcher Bilder, auf denen große Pappen mit aufgedrucktem Scheckformular überreicht werden. Ich habe dabei sofort den Verdacht – erst recht, wenn es sich um relativ geringe Beträge handelt –, dass dem edlen Spender die 1.000

Euro für einen Anzeigenplatz zu teuer waren und er sich überlegt hat, wie er denn wohl günstiger in die Zeitung kommt, dann 120 Euro für den örtlichen Kindergarten gespendet hat, woraufhin er einen netten redaktionellen Beitrag geschrieben bekam. Peinlich, peinlich – finden Sie nicht? Die beiden Brüder Jochen und Friedhelm Loh lehnen deshalb jegliche Berichterstattung in den Medien über ihre wohltätigen Aktivitäten strikt ab.

Sicherlich: Auch hinter dem demonstrativen Nichtdemonstrieren von Wohltätigkeit kann schon wieder Arroganz stecken und der hochnäsige Habitus, sich ein kleines bisschen besser zu fühlen als der Rest der Welt. Im Fall dieser beiden Brüder bin ich mir aber sehr sicher, dass das nicht zutrifft. Das schließe ich aus dem Menschenbild, das die beiden haben und täglich leben. Sie gehen kooperativ mit ihren Mitarbeitern um, lassen Besucher nicht über Gebühr warten, tragen nichts vor sich her, weder ihren Reichtum noch ihren Status, und schon gar nicht gehen sie mit ihrem sozialen Engagement hausieren. Ihre Wohltätigkeit ist keine Fassade, sondern echt. Und sie erstreckt sich auf alle Bereiche ihres Lebens.

Aber – ist das denn nicht unerträglich? Gutmenschen mit Heiligenschein, die es schaffen, immer und ewig positiv und erfolgreich zu sein? Geht einem das nicht irgendwann fürchterlich auf die Nerven? Ich sage: nein. Aber so etwas geht einem nur dann nicht auf die Nerven, wenn der betreffende Mensch authentisch ist. Wenn er in sich ruht, einen inneren Frieden hat, den er auch ausstrahlt. Im Fall der beiden Brüder mache ich diesen innerlichen Frieden an deren starken Glauben an Gott fest. Sie haben einen Anker, eine ganz authentische Sinndimension in ihrer Persönlichkeit integriert. Sie haben einen Schöpfer, dem sie sich verantwortlich fühlen, dem sie Rechenschaft ablegen. Wer einen persönlichen Glauben hat, wer sich in etwas verankert, geerdet, als in seiner Mitte ruhend empfindet, der kann moralisch sein, ohne auf dem Tugendross zu reiten. Der hat es dann nicht nötig, Wohltätigkeit vor sich herzutragen. Der ist ein Wohltäter aus Überzeugung. Kein Moralapostel. Und er ist deswegen geräuschlos und ganz ohne tapezierten Scheck wohltätig.

Instrumentalisierter Hunger

Der Nimbus der Wohltätigkeit – manchmal verblasst er sehr schnell. Erinnern Sie sich noch an den UNICEF-Spendenskandal Anfang 2008? Die Sache kam ins Rollen, als die ehemalige schleswig-holsteinische Ministerpräsidentin Heide Simonis Anfang Februar von ihrem Amt als Vorsitzende des deutschen UNICEF-Komitees zurücktrat – wegen „Unstimmigkeiten im Vorstand", so hieß es. Unmittelbar danach forderten viele UNICEF-Arbeitsgruppen auch den Rücktritt von Geschäftsführer Dietrich Garlichs. Ihm wurde Verschwendung von Spendengeldern vorgeworfen. Garlichs beugte sich dem Druck und trat sechs Tage nach Simonis zurück. Knapp zwei Wochen später entzog das Deutsche Zentralinstitut für soziale Fragen (DZI) UNICEF Deutschland sein Spendensiegel. Grund dafür: UNICEF Deutschland hatte gelogen. Es hatte behauptet, keine Provisionen für die Vermittlung von Spenden zu bezahlen. Die Spendeneintreiber arbeiteten aber sehr wohl erfolgsabhängig. Einer der Geldbeschaffer hatte für eine Großspende des Handelsunternehmens Lidl von einer halben Million Euro eine Provision in Höhe von 30.000 Euro erhalten. Damit hatte UNICEF Deutschland die Grundsätze der Wirtschaftlichkeit und Sparsamkeit verletzt, denen es sich unterwerfen muss, um weiterhin das DZI-Spendensiegel zu bekommen.

Ich kenne eine nette pensionierte Lehrerin, die meine Frau und mich jedes Jahr in der Vorweihnachtszeit anspricht und uns die UNICEF-Weihnachtskarten verkauft. Wir nehmen diese Karten immer gerne, weil wir sowohl die freundliche Dame in ihrem Engagement als auch UNICEF unterstützen wollen. Als wir dann Anfang 2008 von diesen Provisionen hörten, die UNICEF an Spendensammler bezahlt, waren wir ziemlich irritiert. Da setzt sich UNICEF auf ein hohes Tugendross, und was verbirgt sich in Wirklichkeit dahinter? Die eigene Tasche, in die gewirtschaftet wird. Es geht um knallharten Kommerz, wie überall. Nicht um Wohltätigkeit, nicht um die Kinder, nicht um die Armen. Da haben etliche Führungskräfte wohl gedacht, sie seien unanfechtbar, nur weil sie für UNICEF arbeiten.

Können Sie sich vorstellen, was solches Verhalten der Bosse an der Basis anrichtet? Bei den Menschen wie der pensionierten Lehrerin?

Sie verkauft diese Weihnachtskarten mit herzlicher Hingabe. Sie investiert ihre Zeit und Kraft. Trifft sich mit anderen Menschen, redet mit ihnen, überzeugt sie, weil sie von der Sache auch überzeugt ist. Und dann muss ein solcher Mensch aus den Medien erfahren, dass die Organisation, für die er sich so einsetzt, Spendenakquisiteure am Start hat, die im schicken Auto bei den Großunternehmen vorfahren, Spenden eintreiben, davon eine dicke Provision einbehalten und sich dafür vermutlich noch in dem Gefühl sonnen, auf der Seite der Guten zu stehen.

Dass Verwaltungskosten auch in wohltätigen Organisationen und Hilfswerken anfallen, ist klar. Von alleine lässt sich so ein Betrieb ja nicht aufrechterhalten, und von alleine käme auch kein müder Euro dort an, wo er so dringend benötigt wird. Aus meiner Erfahrung weiß ich, dass ungefähr 20 Prozent der Spendengelder in die Verwaltung einer Hilfsorganisation fließen sollten, damit das Ganze effektiv ist. Das Problem: Hilfsorganisationen kommunizieren das meist nicht. Die Spender haben die utopische Erwartung, dass die Spendengelder zu 100 Prozent bei den Bedürftigen ankommen. Hier ist mehr Ehrlichkeit von Seiten der Organisationen nötig, mehr Transparenz und weniger Schönrednerei. Sonst macht sich eine Kultur der Heuchelei breit.

Der Punkt ist aber auch: Um Spenden ist in den letzten Jahren ein heftiger Konkurrenzkampf entbrannt. Das Spendenaufkommen stagniert seit langer Zeit, klammert man die Tsunami-Millionen einmal aus. Und um die Gelder streiten sich immer mehr Vereine und Organisationen, auch weil sich der Staat immer stärker aus deren Finanzierung und Unterstützung zurückzieht. Schulen, Kindergärten, Kirchengemeinden, kulturelle Institutionen sind auf Spenden angewiesen. Hier ziehen eigentlich nur noch wirklich gute Ideen und – Spendensammler. Seit 1993 gibt es sogar einen Berufsverband, in dem die Spendensammler organisiert sind. Aber zwischen angestellten Spendensammlern mit angemessenem Festgehalt und solchen, die für ihre akquirierten Großspenden dicke Provisionen kassieren, besteht meines Erachtens immer noch ein Unterschied. Meine Frau und ich engagieren uns deshalb bei Opportunity International, einer Organisation, die keine Almosen vergibt, sondern Kleinkredite. Damit fördert sie bedürftige Men-

schen in ihrer Mündigkeit, selbst ein kleines Unternehmen aufzubauen. Den meisten gelingt es, sich selbständig zu machen und den
eigenen Lebensunterhalt zu verdienen, und sie können dann auch
ihren Kredit zurückzahlen, der wiederum anderen den Start
ermöglicht.

Mehr Transparenz, mehr Ehrlichkeit also – und mehr Understatement, das täte gut. Denn wer es nicht nötig hat, auf dem Tugendross zu reiten – im Fall von UNICEF: hungernde Kinder zu instru-
mentalisieren, damit die Provision in der geheimgehaltenen eigenen Tasche möglichst hoch ausfällt –, der informiert die Öffentlichkeit ehrlich darüber, was mit Spendengeldern passiert. Und wer
als Spender nicht auf dem Tugendross sitzen will, der macht sich
auch so seine Gedanken. Der spendet nicht nur schnell irgendwo,
damit er wieder ein gutes Gewissen hat und sich als Wohltäter feiern lassen kann. Der nimmt sich vielmehr Zeit, recherchiert in
aller Ruhe, welche Projekte sinnvoll und unterstützenswert sind.
Das sind in meinen Augen die Projekte, die die Empfänger in ihrer
Mündigkeit stärken, und vor allem solche, die Hilfe zur Selbsthilfe
leisten.

„Ich bin ein Opfer meiner Zeit!"

Nicht nur Wohltätigkeit wird gerne als Tugendross benutzt. Jede Gesellschaft hat ein Ethos. Es umfasst das, was in den Augen der Gesellschaft als richtig und falsch gilt. Auch darauf wird gerne herumgeritten. Das tut besonders eifrig derjenige, der dem Ethos gemäß alles richtig macht und erfolgreich ist, und der andere, der es „falsch" macht, hat dann das Nachsehen. Ich kannte einmal eine Familie, die alles „richtig" gemacht hatte. Der Vater war ein erfolgreicher Manager, die Mutter arbeitete im selben Unternehmen auf einer Sachbearbeiterposition, die beiden Kinder machten keine Scherereien. Alles entspannt. Bis zu dem Tag, an dem das Unternehmen, in dem die Eltern arbeiteten, Insolvenz anmelden musste. Von da an ging es bergab, zwar langsam erst, aber doch stetig über mehrere Jahre. Beide, Vater und Mutter, fanden keinen passenden Job mehr, zogen weg aus dem strukturschwachen Gebiet, in dem sie bis dahin gelebt hatten, aber auch das nützte nichts. Sie hatten irgendwann große Probleme, ihren Lebensunterhalt zu bestreiten, und waren auf staatliche Hilfe angewiesen.

Sie gingen aber sehr offen mit dieser Situation um und schenkten allen Freunden reinen Wein ein: Alle wussten, dass sie es sich nicht mehr leisten konnten, Gäste zu bewirten. Es gab nur noch Discounter-Lebensmittel, kein Gemüse mehr vom Wochenmarkt, keine Handys, keine Sonderwünsche, nur noch Sonderangebote. War ein Teller kaputtgegangen, gab es eben keinen neuen, sondern einen Teller weniger im Schrank. Was ich an dieser Familie sehr bewunderte: Sie inszenierte sich nicht als Opfer der Verhältnisse. Sie hatte es nicht nötig, sich auf das Tugendross zu setzen und jetzt jegliche Verantwortung für ihr Schicksal abzugeben, indem sie sagte: Alle anderen sind schuld! Das erlebt man nämlich oft bei Menschen, die einmal erfolgreich waren und es dann nicht mehr sind. Denken Sie nur an Jürgen Schneider, den dubiosen Baulöwen, der nach Pleite, Flucht und Verhaftung aus dem Gefängnis heraus tönte: „An alledem ist nur die Deutsche Bank schuld!"

Oder denken Sie an Dennis Kozlowski. Der sagte etwas Ähnliches wie Jürgen Schneider, nämlich „Ich bin ein Opfer meiner Zeit" in einem Interview, das er dem Wirtschaftsmagazin „brand eins" gab.

Kozlowski war von 1992 bis 2002 Vorstandschef des amerikanischen Konglomerats Tyco und setzte eine höchst aggressive Akquisitionsstrategie durch: Über tausend Unternehmen kaufte Tyco in dieser Zeit. Der Aktienkurs stieg in nie zuvor erreichte Höhen, im Jahr 2001 kürte die „Business Week" das Konglomerat zum erfolgreichsten Unternehmen des Jahres 2000 – und erwies damit vor allem Dennis Kozlowski eine große Ehre, der das Unternehmen innerhalb kürzester Zeit zu einem Weltunternehmen mit 200.000 Mitarbeitern geformt und dessen Umsatz mehr als verzehnfacht hatte.

Sicher erinnern Sie sich aber auch noch an den Enron-Skandal im Jahr 2002. Im Sog dieses Skandals um frisierte Bilanzen geriet auch Tyco ins Schlingern: Aktionäre hatten ihr Vertrauen in unübersichtliche Firmenkonstrukte verloren. Tyco war auch ein solches Konstrukt, das weder über verständliche Bilanzen noch transparente Bonusregelungen für seine Führungskräfte verfügte. Das Unternehmen beugte sich zunächst dem öffentlichen Druck und Kozlowski spaltete den Mischkonzern auf. Aber auch diese Maßnahme konnte einen der größten Bilanzskandale der USA nicht mehr verhindern: Kozlowski und sein Finanzchef Mark Swartz wurden des Diebstahls von 600 Millionen US-Dollar angeklagt, außerdem der verbrecherischen Verschwörung zulasten des Unternehmens, der Bilanzmanipulation und des Verstoßes gegen die Börsenbestimmungen. Insgesamt enthielt die Anklageschrift dreißig Punkte. In neunundzwanzig Punkten wurden die Angeklagten für schuldig gesprochen. Dennis Kozlowski wurde zu einer Haftstrafe von nicht weniger als acht Jahren und vier Monaten und nicht mehr als fünfundzwanzig Jahren sowie einem Schadenersatz von 134 Millionen US-Dollar verurteilt – wegen Diebstahls von Boni und Steuerhinterziehung. Seine Meinung dazu: „Die Jury irrte sich. Ich habe diese Boni verdient. Viele Menschen haben 2001 und 2002 an der Börse viel Geld verloren. Es brauchte einen, den man dafür zur Verantwortung ziehen konnte. Das war ich." So einfach ist das. Oder auch: „Ich bin ein Opfer meiner Zeit" – sprach der Herr Kozlowski von seinem Tugendross herab.

Tugend-Show

Zu seinem Scheitern, zu den Brüchen in seinem Leben stehen – ich habe den Eindruck, dass dies der Generation der Babyboomer besser gelingt als ihren Eltern und Großeltern. Den Babyboomern geht es nicht mehr so sehr um das Wahren einer Fassade in der Öffentlichkeit. Und das Privatleben wird nicht als eine Tugend-Show inszeniert. Genauso habe ich übrigens den Eindruck, dass das soziale Engagement in dieser Generation ehrlicher und authentischer gehandhabt wird. Das Engagement für den Regenwald in Brasilien, um nur ein Beispiel zu nennen, wird nicht mehr wie eine Monstranz vor sich hergetragen. Es dient nicht mehr dazu, eine politische oder ethische Haltung öffentlichkeitswirksam darzustellen. In den achtziger Jahren sah das noch anders aus. Da demonstrierten die jungen Menschen mit riesigem Getöse und weitgehend wirkungslos gegen Atomkraftwerke. Heute wird nicht mehr tugendhaft und mit erhobenem Zeigefinger demonstriert, sondern gut gelebt und Strom vom kleinen privaten Wasserkraftwerk aus dem Nachbardorf bezogen – atomstromfrei. Ethische Ansprüche werden pragmatisch, ohne großes Theater umgesetzt und gelebt, nicht mehr plakativ vor sich hergetragen.

Vor einiger Zeit reiste ich zu einem Treffen meines Abiturjahrgangs 26 Jahre nach unserem Schulabschluss. Besonders gespannt war ich auf meine Klassenkameradin Martina. Sie war schon zu Schulzeiten ein Mensch gewesen, der sich stark sozial engagiert hatte, aber auch für den Umweltschutz auf die Barrikaden gegangen war. Ob sie das immer noch tat? Oder ob sie, wie so viele, von all dem nichts mehr wissen wollte, was für sie früher einmal eine so große Bedeutung gehabt hatte?

Ich traf Martina schon im Hof unserer alten Schule. Sie war eine der Ersten, die mir über den Weg lief. Wir begrüßten uns herzlich und es fühlte sich an, als hätten wir uns gerade vor ein paar Tagen das letzte Mal gesehen. Martina wirkte auf mich sehr entspannt, natürlich, geerdet und glücklich. Sicher, das Leben hatte schon ein paar erste Spuren in ihrem Gesicht hinterlassen. Aber sie strahlte eine tiefe innere Ruhe aus und erzählte mir, dass sie mit einem Kanadier verheiratet sei und in Nordamerika lebe.

Aus ihrem vielfältigen sozialen Engagement hatte sie ein Lebenskonzept gemacht. Sie arbeitet als Coach in einer Einrichtung, die sich um arbeitslose Jugendliche kümmert. Sie hilft den Jugendlichen, ihre Stärken zu erkennen und zu entwickeln, eine Stelle zu finden und eine berufliche Perspektive für sich zu erarbeiten. Ihre tiefste Überzeugung formulierte sie an diesem Tag so: Jeder dieser Jugendlichen trage die Ressourcen in sich, sein Leben verantwortlich zu meistern, und ihre Aufgabe sei es, den Jugendlichen zu helfen, den Zugang zu den eigenen Ressourcen zu finden. An der Begeisterung, mit der Martina über ihre Arbeit sprach, konnte ich deutlich spüren: Hier hält nicht einer eine Ansprache von einem Tugendross herab, sondern hier agiert eine Überzeugungstäterin. In Martinas Fall war die Überzeugung nicht religiös geprägt wie bei den beiden Brüdern, von denen ich Ihnen schon erzählt habe. Martinas Herz schlug für das Soziale, für die soziale Arbeit, und diese Überzeugung war tief in ihrer Biographie verwurzelt.

„Überzeugungstäter" sind in meinen Augen oft understatet. Sie gehen entspannt mit ihrer Überzeugung, ihrem Lebensthema um, da ist nichts Missionarisches dabei, kein Übereifer, kein Dogma, sondern gelassene und heitere Souveränität. Überzeugungstäter sind Pragmatiker. Brigitte Bardot zum Beispiel, mit ihrem radikalen Tierschutzgebaren, ist das genaue Gegenteil: aufgesetzt, hysterisch, unrealistisch. Daran ändert auch die an sich gute Sache nichts.

Selbstreflexion? Wo denken Sie hin!

Wer nicht in der Lage ist, zu differenzieren, Zwischentöne zu akzeptieren, ambivalente Gefühle auszuhalten, der hat es aus irgendeinem Grund nötig, dass die Welt eingeteilt wird in Gut und Böse, Schwarz und Weiß und, noch viel wichtiger, dass er selbst auf der guten Seite steht, auf der richtigen Seite. Für mich stellt sich dann immer die Frage, ob solche Menschen überhaupt in der Lage sind, sich emotional auf die Welt einzulassen. Zu spüren, mit welchen Menschen sie es zu tun haben. Zu fühlen, welche Verhaltensweisen, welche Einschätzungen vielleicht einer gewissen Situation angemessen sind.

Was mich immer wieder erstaunt: Eindimensionales Schwarz-Weiß-Denken scheint oft einherzugehen mit einer ausgeprägten Fähigkeit, sich selbst in die Tasche zu lügen: verschiedene Maßstäbe anzusetzen, einen für sich und einen für den Rest der Welt, Moralismus ohne Selbstreflexion, das ist wirklich eine unschlagbare Kombination. Noch einmal: Dass irgendein Manager seine Millionen ins Ausland geschafft hat, also nein, das geht gar nicht. Dass man selbst die Putzfrau schwarz arbeiten lässt, steht natürlich auf einem ganz anderen Blatt. Das muss man ja auch gar nicht an die große Glocke hängen, geht schließlich keinen was an. Und damit auch niemand auf die Idee kommt, dass da irgendetwas nicht ganz koscher ist, schreit man eben ein bisschen lauter als alle anderen, wenn wieder irgendeinem Großkopferten ein Fehltritt nachgewiesen werden konnte.

Was ich aber auch oft beobachte, ist, dass das Tugendross aus reiner Bequemlichkeit geritten wird. Da wird eben jedes Jahr zu Weihnachten ein Betrag X an eine Organisation überwiesen, der man schon immer gespendet hat, ohne zu hinterfragen, ob das Geld dort wirklich sinnvoll investiert ist. Da übernimmt man gesellschaftliche und politische Feindbilder, weil bestimmte Dinge in der Familie schon immer so gesehen wurden oder weil die Medien gerade irgendetwas hochkochen. Wer understatet damit umgehen will, der überdenkt seine Positionen zu Links und Rechts, zu Arm und Reich, zu Afrika und Amerika immer wieder. Der besorgt sich Informationen, die es ihm erlauben, seine Welt aus einem anderen Blickwinkel zu betrachten. Der liest als Konservativer auch einmal eine liberale Zeitung oder die taz. Und als Sozialdemokrat zwischendurch die Frankfurter Allgemeine statt der Frankfurter Rundschau. Der setzt die eigene Brille ab und mal eine andere auf. Der weiß: Wenn man sich erst einmal eine bestimmte Grundorientierung angeschafft hat, dann neigt man dazu, nur noch das wahrzunehmen, was diese Haltung bestätigt. Das nennt die Sozialwissenschaft seit den siebziger Jahren „kognitive Dissonanz". Wer vom Tugendross abgestiegen ist, der durchbricht diese kognitive Dissonanz ganz gezielt und bewusst – immer wieder. Der ist bereit, Dinge zu hinterfragen und neu zu bewerten. Dem sind Klischees verdächtig und Schubladen, in die andere gesteckt werden sollen, sowieso.

Trügerische Sicherheit

Es ist der 13. November 2007, halb drei in der Frühe. SPD-Chef Kurt Beck und CSU-Chef Erwin Huber treten vor die Fernsehkameras am Berliner Kanzleramt. Mit dabei: die Vorsitzenden der CDU- und SPD-Bundestagsfraktionen Peter Struck und Volker Kauder. Sie verkünden die Ergebnisse einer Sitzung des Koalitionsausschusses. Es ging um Mindestlöhne, um die Bahn-Privatisierung, um eine Senkung des Arbeitslosenbeitrags, eine Verlängerung des Arbeitslosengeldes. Viele Probleme, keine Lösungen. Dementsprechend giftig geben sich die Politiker vor der Kamera. „Wortbruch!" behauptet der eine, „Quatsch!" raunzt der andere zurück.

In einer der oberen Etagen des Kanzleramtes sitzen derweil die anderen Mitglieder des Koalitionsausschusses zusammen und trinken noch ein Glas Wein. Nur einer hat sich nach der Sitzung sofort zurückgezogen und fehlt: Vizekanzler Franz Müntefering. Er konnte das Thema, das ihm am wichtigsten war in dieser Sitzung, den Mindestlohn, nicht durchsetzen. Die Kanzlerin hat sich diesbezüglich nicht hinter ihn gestellt, wie sie es ihm eigentlich vor Monaten signalisiert hatte. Aber nicht deswegen fehlt Müntefering beim Umtrunk nach Feierabend. Ihn treiben andere Dinge um als politische Niederlagen. Er fährt nach Hause und schläft drei Stunden. Kurz nach 7 Uhr gibt er einer Reporterin vom Deutschlandfunk ein Telefoninterview, noch von zu Hause aus. Das war schon Tage vorher vereinbart worden. Er spricht mit der Moderatorin über die wenige Stunden zurückliegende Sitzung des Koalitionsausschusses. Aber nicht über das, was er an diesem Tag noch vor sich hat.

Nach dem Interview verlässt Franz Müntefering seine Wohnung und geht an seinen Arbeitsplatz – das Bundesministerium für Arbeit und Soziales in Berlin. Dort informiert er um kurz nach 8 Uhr seine engsten Mitarbeiter über seinen Entschluss: Er wird als Arbeitsminister und Vizekanzler zurücktreten. Dann setzt er seine Tour fort. Zuerst fährt er in den Bundestag, zu Peter Struck, dann zu Angela Merkel und verkündet beiden seinen Rücktritt. Die Kanzlerin ist beinahe sprachlos. Und bietet ihrem Vizekanzler eine Auszeit an. Er solle ein paar Wochen zu Hause bleiben. Das lehnt Müntefering aber ab. Am Nachmittag tritt er vor die Presse und macht seinen Rücktritt öffentlich. Und jetzt erfährt auch der Rest der Republik, was ihn zu diesem Schritt bewogen hat. Seine Frau, die schon vor vielen Jahren an Krebs erkrankt war, hat einen Rückfall erlitten. Sie braucht ihn jetzt. Und deswegen will er bei ihr sein. Sein Rücktritt hat darum ausschließlich familiäre Gründe, und er bittet darum, dies zu akzeptieren.

Seine Abschiedsrede hat mich beeindruckt wie kaum eine andere Politikerrede in den letzten Jahren. Franz Müntefarings Sprache war wie immer einfach, klar und einprägsam. Seine authentische Begeisterung, seine Leidenschaft für die Politik war zu spüren, aber auch seine wohltuende, selbstironische Distanz zu diesem Betrieb. Was auch zu spüren war: die Liebe zu seiner Frau. „Meine Frau findet das gut, die Kanzlerin nicht" – das war seine Antwort auf die Frage eines Journalisten, was denn die beiden wichtigsten Frauen in seinem Leben zu seinem Entschluss gesagt hätten.

Franz Müntefarings Rücktritt war pures Understatement. Er konnte die Prioritäten in seinem Leben so setzen, dass allen deutlich wurde: Hier agiert ein lebenskluger Mensch, der verstanden hat, dass am Ende nicht die Tage an der Macht zählen, sondern die Fürsorge für seine Frau, für einen Menschen, den er liebt und der sich ihm anvertraut hat. Das ist in meinen Augen gelebter Anstand jenseits aller gepredigten Moral.

Das Kontrastprogramm dazu gab's gleich ein paar Tage später. Wolfgang Thierse, der Vizepräsident des Deutschen Bundestags, nutzte die Gelegenheit, von einem hohen Tugendross herunter seinem früheren Rivalen Helmut Kohl eins überzubraten: „Seine Frau im Dunkeln in Ludwigshafen sitzen zu lassen, wie es Helmut Kohl gemacht hat, ist kein Ideal." Zur Erinnerung: Hannelore Kohl hatte sich nach langer, schwerer Krankheit im Haus der Familie Kohl in Ludwigshafen, das sie nicht mehr verlassen konnte, das Leben genommen. Thierse instrumentalisierte mit dieser Äußerung die familiären Schicksale Franz Müntefarings und Helmut Kohls auf die übelste Art und Weise. Warum er das wohl nötig hatte? Er wird es selbst am besten wissen.

An seiner Äußerung kann man allerdings sehr gut sehen: So ein Tugendross ist auch ganz schnell totgeritten! Wer auf ihm dahergaloppiert, bekommt immer nur kurz die scheinbare Sicherheit, auf der „richtigen" Seite zu stehen. Nachhaltig zufrieden oder glücklich wird so ein Reiter gewiss nicht. Der Knackpunkt heißt: nicht gelebtes Leben. Jeder Mensch hat sie – Träume, unerfüllte Wünsche, Visionen, die im Laufe seines Lebens entweder platzen wie Seifenblasen oder in Erfüllung gehen. Das Thema Moral steht für mich in einem sehr engen Zusammenhang mit diesen Träumen, die zu leben ein Mensch nie gewagt hat. Und wenn dann ein anderer daherkommt und die Träume einfach so in die Tat umgesetzt hat, dann reagiert so mancher eben moralinsauer, weil er selbst nicht den Mut hatte, Dinge zu tun, die er gerne getan hätte. Tugendrösser werden gerne geritten von Menschen, die sich aus Pflichtgefühl oder Verantwortung sehr stark verbogen haben. Das macht sie dann unzufrieden, verbissen, mürrisch. Deswegen schießen sie permanent auf andere, um nicht der Wahrheit ins Gesicht sehen zu müssen: dass sie selbst zu wenig Mut und zu viel Angst hatten in ihrem Leben.

Immer wieder: Sein statt Schein

Da ist sie wieder: die Angst, vor sich selbst, vor Versagen, vor den Abgründen der eigenen Persönlichkeit. Angst auch, der eigenen Freiheit gewahr zu werden. Denn jeder Mensch hat sie: die Freiheit, seine ganz persönlichen Träume in die Tat umzusetzen. Auch wenn das bedeutet, die einmal eingeschlagene Lebensspur zu verlassen und ins kalte Wasser zu springen. Der stärkste Denkzettel, den das Leben mir verpasst hat, und gleichzeitig die größte Krise, die ich erlebt habe, war die Krebserkrankung meiner ersten Frau vor zehn Jahren. Sie starb mit 37 Jahren und sagte kurz vor ihrem Tod, dass es nichts mehr gäbe, was sie noch gerne gemacht hätte. Alles, was sie sich jemals gewünscht hatte in ihrem Leben, hätte sie bekommen und erreicht. Als eine Frau des Glaubens ging sie mit einem tiefen Gefühl des Friedens.

Und dieses friedvolle Gefühl – ging mir vollkommen ab. Ich war zu diesem Zeitpunkt weit davon entfernt, sagen zu können, dass alle meine Wünsche schon in Erfüllung gegangen wären. Wenn ich in diesem Moment hätte sterben müssen, wären ganz viele Dinge auf einer imaginären Liste gewesen, die ich noch hätte umsetzen wollen. In einer der Trauerphasen damals legte ich mir dann tatsächlich eine Liste mit Vorhaben an, die ich noch tun wollte in meinem Leben. Und in den zehn Jahren seit dem Tod meiner ersten Frau habe ich immer wieder auf diese Liste geschaut und viele Dinge davon in die Tat umgesetzt, große und kleine. Einmal mit dem Schiff vier Monate um die Welt zu reisen gehörte ebenso dazu wie eine berufliche Auszeit, die ich dazu nutzte, mir einige Dinge bewusst zu machen und mir neue Ziele zu stecken – privat und beruflich.

Nicht jeder Mensch hat diese Möglichkeit, sich seine Träume bedingungslos zu erfüllen. Auch ich gerate immer wieder an Grenzen. Schließlich lebe ich – zum Glück – nicht allein auf der Welt, und es gibt Menschen, für die ich Verantwortung übernommen habe und von denen ich nicht verlangen kann, dass sie alle meine Ideen und Vorstellungen bedingungslos mittragen. Aber: Unerfüllte Träume weisen einen Weg. Sie zwingen uns, genauer hinzuschauen, uns damit auseinanderzusetzen, was fehlt im Leben. Und manchmal zeigen sie uns auch, dass wir uns in eine falsche Richtung bewegen oder unser Herz an etwas hängen, das uns eigentlich nicht gut tut.

Es gab zum Beispiel in meinem Leben eine Phase, in der ich unbedingt festangestellt beim Zweiten Deutschen Fernsehen arbeiten wollte. Das ZDF war mein Wunscharbeitgeber – schließlich war ich ausgebildeter Journalist mit Drang nach oben. Eine Karriere beim ZDF wäre damals die Krönung gewesen. Welche Aufwertung hätte ich erfahren! Beim ZDF zu arbeiten, der größten europäischen Rundfunkanstalt! Ich bewarb mich, schickte Arbeitsproben. Ich telefonierte den Verantwortlichen hinterher. Vergeblich. Ich litt viele Jahre darunter, dass das ZDF mich offenbar nicht haben wollte. Irgendwann erkannte ich: Ich wollte da gar nicht arbeiten, weil es inhaltlich so unglaublich spannend gewesen wäre. Mir ging es lediglich um das Image, um die Aufwertung meiner Person, die ich durch die Zugehörigkeit zum ZDF scheinbar erfahren hätte. Mir ging es um den Schein, nicht um das Sein. Erst als ich das erkannt hatte, konnte ich mich von diesem vermeintlichen Traum verabschieden, konnte ich ihn loslassen.

Auch die unerfüllten Wünsche, die ich heute noch habe, sagen mir etwas über das Leben, das ich führe. Einer meiner Träume ist zum Beispiel, eine Boots- oder Schiffsreise auf dem Amazonas zu machen. Diese Reise symbolisiert für mich Freiheit und Abenteuer, wonach ich mich sehne. Das hat für mich etwas damit zu tun, dass ich mich in meinem Alltag oft eingesperrt fühle, dass ich ein großes Bedürfnis nach E-Mail- und telefonfreier Lebenszeit habe, ohne Verpflichtungen jeglicher Art. Hinter diesem Traum verbergen sich aber auch meine Ängste: Angst davor, einem gewissen Bild nicht zu entsprechen, das sich andere von mir machen, aber auch Angst davor, den Neid anderer Menschen auf mich zu ziehen, wenn ich diesen Traum einfach so in die Tat umsetze. Aber auch die Angst davor, was es bedeutet, mich auf ein solches oder auch ein ganz anderes Abenteuer einzulassen, ganz allein auf mich gestellt zu sein, auf mich zurückgeworfen zu sein, Lebensbilanz zu ziehen, Rechenschaft abzulegen. Wie ich es irgendwann sowieso tun muss. Ganz allein.

Rechenschaft ohne Moralkeule

Wer ein gläubiger Mensch ist, in dessen Weltbild gibt es einen Schöpfer, einen Gott, der über allem steht. Wer ein gläubiger Mensch ist, wird eines Tages nicht nur Bilanz für sich allein ziehen, sondern sich auch diesen Fragen stellen: Wie habe ich meine Ressourcen verwaltet, wie bin ich mit meinen Gaben, meinen Geschenken umgegangen, wie mit meiner Aufmerksamkeit, meiner Zeit, meiner Familie, meinen Mitarbeitern? Wer unter diesen Vorzeichen Rechenschaft ablegt vor sich und seinem Schöpfer, der verfügt über eine Moral. Dem reicht es, dass er jeden Morgen in den Spiegel schaut und darin einen Menschen erblickt, der mit sich und seiner Umwelt im Reinen ist. Meine verstorbene erste Frau war ein solcher Mensch. Deswegen hatte sie auch nicht das Gefühl, dass sie irgendetwas auf Erden verpasst hat, und konnte in Frieden mit sich und allem um sie herum diese Welt verlassen.

Ein gläubiger Mensch, der sich selbst nicht zum Maß aller Dinge macht, der an etwas Höheres glaubt als an sein eigenes Ego, der hat eine Scheu davor, sich auf ein Tugendross zu setzen. Der muss nicht Gott spielen, indem er sich über andere erhebt. Denn er weiß: Mein Blick reicht nie aus, um echte Rechenschaft abzulegen. Gottes Blick wird immer größer und umfassender sein.

Kapitel 8 – Mount Everest: 8.848 Meter
Wer es nicht nötig hat, vor sich her zu tragen, was er in sich trägt

Das neue Stadtviertel am Potsdamer Platz in Berlin: Auf der einen Seite steht das Kulturforum mit Philharmonie, Nationalgalerie und Staatsbibliothek, auf der anderen präsentieren sich mal gläsern-glitzernd, mal trutzig-steinern das Sony Center und das Daimler-Quartier. Dazwischen eine Kreuzung, an der Schnittstelle von Kultur und Business. Es ist ein sonniger Spätsommertag. Ein Mann läuft die Potsdamer Straße entlang und steuert auf das nahe gelegene Einkaufszentrum zu. Er ist nicht besonders groß und fällt mit seinen grauen Haaren, den schwarzen Jeans und dem verwaschenen grauen Hemd nicht weiter auf zwischen all den Menschen, die ebenfalls Richtung Potsdamer Platz strömen. An einer Fußgänger-ampel bleibt der Mann stehen, wartet, bis er über Straße gehen kann, und setzt dann seinen Weg in Richtung der Shoppingmeile fort, die Hände lässig herabhängend. Er läuft nicht sehr schnell, eher etwas trottend, seinen Körper hält er leicht vornüber gebeugt. Er scheint ganz in Gedanken versunken zu sein. Seine Aufmerk-samkeit ist nach innen gerichtet. Wer ihm ins Gesicht schaut – aber das tut kaum einer der Passanten –, sieht einen entspannten und zufriedenen Menschen.

Würde einer genau hinsehen, könnte er einen Weltstar erkennen. Wer hier nämlich an einem ganz normalen Mittag über den Pots-damer Platz ging, ohne Aufmerksamkeit zu erregen, ohne zu prü-fen, ob ihn auch ja alle beachten, vielleicht auf dem Weg zu einem Mittagessen, das war der Dirigent Sir Simon Rattle, Künstlerischer Leiter der Berliner Philharmoniker. Für einen seinen Vorgänger wäre ein derartig unaufgeregter, uninszenierter Auftritt inakzepta-bel gewesen: Herbert von Karajan wäre nicht zu Fuß gegangen, auch nicht ohne Anzug und Einstecktuch – und überhaupt: ohne perfekt frisierte Silberlocke? Wo denken Sie hin! Sein Fortbewe-gungsmittel hatte einen Doppelnamen: Rolls-Royce.

Auch in vielen anderen Punkten unterscheiden sich die beiden Dirigenten. Wo Karajan damals in den fünfziger Jahren darauf bestand, seinen Posten auf Lebenszeit zu bekommen – drunter tat er's nämlich nicht –, macht Simon Rattle Vierjahresverträge. Weil er Wert darauf legt, dass man sich immer wieder für ihn entscheidet. Karajan hatte sich vertraglich zusichern lassen, dass sein Konterfei auf allen Covern der Platten abgebildet sein muss, die er mit seinem Orchester einspielte. Rattle ist das herzlich egal. Es darf auch ein schönes Gemälde drauf sein. Und Karajan schreckte nicht einmal davor zurück, die Kameraeinstellungen bei Fernsehübertragungen seiner Konzerte zu beeinflussen. Einmal dirigierte er „Also sprach Zarathustra" von Richard Strauss: Sie haben bestimmt dieses einprägsame, sich langsam zu einem strahlenden C-Dur-Höhepunkt steigernde Motiv im Ohr, das diese symphonische Dichtung einleitet und einen Sonnenaufgang tonlich abbildet. Was man im Fernsehen währenddessen sah: nicht etwa die Musiker, sondern Herbert von Karajans Gesicht. Mit geschlossenen Augen. In Großaufnahme. Die ganze Zeit. So zelebrierte Karajan seine Größe am Pult. Understatement? Hatte sich da wohl gerade in die Ferien verabschiedet.

Sir Simon Rattle und Herbert von Karajan haben aber auch etliches gemeinsam. Beide traten die jeweils große Herausforderung an, die Berliner Philharmoniker in eine neue Ära zu führen. Beide waren 47 Jahre alt, als sie das taten. Beide reformierten den Klang dieses berühmten Orchesters. Unter Karajan kaprizierten sich die Philharmoniker auf technische, beinahe maschinenhafte Perfektion, der sich jeder einzelne Musiker zu unterwerfen hatte. Sie lösten damit den etwas lahmen und distanzierten Pathos der Ära Furtwängler ab. Rattle wiederum setzt auf die Individualität der Orchestermitglieder. Reibungslose, technisch perfekte Abläufe sind dieser Individualität nachgeordnet. „In music safety doesn't come first" – das ist einer seiner Werte. Die Musiker und ihr Dirigent verstehen klassische Musik als ein Projekt, dem sie sich, jeder für sich und alle gemeinsam, emotional hingeben und das genau daraus seine Wucht und Kraft bezieht. Und exakt so funktioniert auch ein erfolgreiches Unternehmen.

Marketingblasen und eine Oboe

Ein Unternehmen ist wie ein Orchester – eine Gemeinschaft, die nur mit einer starken Sinnkomponente, mit viel Spirit wirklich gut arbeiten kann. Erfolg kommt von innen. Die Marketingabteilung kann sich noch so sehr ins Zeug legen: Wenn keine Qualität von innen kommt, quasi aus der Unternehmens-DNS, wird auch das Marketing es nicht schaffen, ein Unternehmen auf Erfolgskurs zu bringen. Da können die Blasen noch so schön blubbern und die Anzeigen noch so bunt sein. Das reicht höchstens für eine Weile. Essentiell ist dagegen die Vision des Unternehmers oder der Führungskraft. Sie hält die Organisation zusammen und stellt den Erfolg sicher. Klar, manchmal reicht auch der einfache Wunsch, viel Geld zu verdienen, als Sinnkomponente aus. Für Ralph Dommermuth, zum Beispiel. Er ist Gründer und Vorstandsvorsitzender der United Internet AG, der neben anderen die Marken GMX, WEB.DE und 1&1 Internet gehören, und einer der reichsten deutschen Unternehmer. Sein Vermögen hat den Wert von 1,6 Milliarden Dollar. Und das alles ohne Botschaft, ohne Message, ohne Sinn. Ja, so kann man es machen. Mich beeindruckt das allerdings nicht.

Wer mich dagegen sehr stark beeindruckt, ist der Unternehmer Claus Hipp. Ja, genau, der Claus Hipp, der in diesem etwas antiquiert anmutenden Werbespot für die Hipp-Babynahrung durch ein Spinatfeld läuft, seine gesunden Produkte preist, einen alpenländisch-biederen Trachtenjanker trägt, freundlich in die Kamera lächelt und am Ende sagt: „Dafür stehe ich mit meinem Namen!" Wer sich etwas genauer mit der Unternehmensgeschichte und vor allem der Person von Claus Hipp beschäftigt, der weiß: Das stimmt tatsächlich! Er ist ein Mensch mit hohen ethischen und ökologischen Ansprüchen, die er nicht nur in seinem Berufs-, sondern auch in seinem Privatleben konsequent umsetzt und lebt. Das beste an diesem Werbespot ist: Hier trägt nicht einer seine schöne heile Scheinwelt zur Schau. Sondern hier agiert ein Mensch absolut stimmig und authentisch, jenseits aller pathetischen Leerformeln.

Claus Hipp ist promovierter Jurist und trat in den sechziger Jahren in den väterlichen Betrieb ein, der schon seit den zwanziger Jahren Kindernahrung produzierte. 1967 übernahm Claus Hipp dann die

Betriebsleitung. Schon Mitte der fünfziger Jahre hatte sein Vater konsequent auf ökologischen Landbau umgestellt. Die Babynahrung sollte schließlich höchste Qualität haben – Müttern war schon damals gerade das Beste gut genug für ihre Kinder. Das ist noch immer so, und deshalb hat Claus Hipp mit seinen qualitativ hochwertigen Produkten auch so großen Erfolg. Aber damit nicht genug: 1997 stellte Hipp als erster deutscher Lebensmittelproduzent die Energieversorgung seiner Betriebe auf erneuerbare Energien um, und zwar komplett. Er selbst fährt lieber mit dem Fahrrad, als sich chauffieren zu lassen, und wenn er schon ein Auto braucht, dann nimmt er eins, das mit Pflanzenöl läuft. Sein Unternehmen wurde 2002 mit dem Weltpreis für Nachhaltigkeit ausgezeichnet, dem Energy Globe Award, und 2003/2004 mit dem Deutschen Umwelt Reporting Award. Claus Hipp verkörpert einen höchst authentischen Stil, der deswegen so erfolgreich ist, weil er Werte tatsächlich lebt und nicht vor sich her trägt. Er zeigt ein klares ethisches Profil, sowohl im Hinblick auf seine Produkte als auch im Hinblick auf die Führung seines Unternehmens. Und gleichzeitig steht er mit seinem Namen, mit seinem ganzen Sein für das, was seine Dienstleistung ausmacht.

Claus Hipp ist allerdings nicht nur erfolgreicher Unternehmer, sondern auch aktiver Reitsportler, der in der 60er und 70er Jahren viele internationale Turniere gewann. Und unter seinem Geburtsnamen Nikolaus Hipp ist er als freischaffender Künstler aktiv: Seine abstrakten Bilder werden in Galerien weltweit verkauft. Obendrein gilt er als renommierter Musiker; er spielt Oboe und Englisch Horn. Mir kommt das manchmal schon unheimlich vor: ein derart vielseitig begabter Mensch, der auch noch höchsten ethischen Ansprüchen genügt. Er ist ein leuchtendes Vorbild. Ein Unternehmer, wie es sie nicht mehr viele gibt in Deutschland. Einer der letzten seiner Art.

Jacobs ist Kraft ist Altria ist Philip Morris

Übrigens: Claus Hipp war einer der ersten, der als Unternehmer in Werbespots selbst vor die Kamera trat. Mir gefallen diese Spots, denn Claus Hipp wirkt in ihnen sympathisch, authentisch, pures Understatement. Ganz anders als Trigema-Chef Wolfgang Grupp, der einen Affen im T-Shirt auftreten lässt. Was hat bloß der Affe mit dem Unternehmen zu tun? Und Herr Grupp im Dreiteiler mit Einstecktuch wirkt doch ziemlich bemüht und verkrampft, der ganze Spot ein bisschen zu betont witzig. Aber wie dem auch sei: Immerhin steht auch Grupp als echte Person für sein Unternehmen. Das hat heute leider Seltenheitswert.

Bei vielen Unternehmen weiß man nämlich nicht mehr, wer oder was eigentlich dahintersteckt. Da werden Werbeschlachten geschlagen zwischen zwei Unternehmen, die zu ein und demselben Mutterkonzern zählen, zum Beispiel Saturn und Media Markt, die gemeinsam mit Kaufhof zu Metro gehören. Das grenzt für mich schon an Volksverdummung. Da werden Konzentrationsprozesse und Firmenübernahmen in Gang gesetzt, so dass hinterher eigentlich alles eins ist und niemand mehr für irgendetwas steht. Jacobs Kaffee ist so ein Beispiel. Das 1895 gegründete Unternehmen wurde 1982 von Kraft Foods übernommen, das von 1988 bis 2007 zur Altria Group gehörte, die wiederum zu 100 Prozent an Philip Morris USA beteiligt war. Jacobs ist Kraft ist Altria ist Philip Morris. Aha. Ist Jacobs jetzt also ein Phantom? Eine Marketingblase? Schaut man auf der Internetseite von Jacobs nach, findet man eine schöne heile Welt rund um die Produkte, um den Kaffee, um die Gesundheit, Gewinnspiele gibt es auch – alles, wie es sich gehört.

Aber jetzt wird es spannend: Liest man nämlich in der Rubrik Firmenchronik die jüngsten Eintragungen, dann findet man zwar die Information, dass Jacobs eigentlich zu Kraft Foods, Altria bzw. Philip Morris gehört, aber: „Der Zigaretten- und Nahrungsmittelkonzern Philip Morris übernimmt 1990 Jacobs Suchard und beendet damit die Tradition des Familienunternehmens Jacobs." Ein bisschen dünn hört sich das schon an, oder? Dafür, dass es zwar die Marke noch gibt, aber das Unternehmen nicht mehr. Fast schon eine Steigerung ist da für mich, dass Luise Jacobs – eines der jüngsten Familienmitglieder der Unternehmerfamilie – ein Buch über die Geschichte der Familie Jacobs geschrieben hat und nun davon profitiert, dass alle Welt annimmt, sie sei eine berühmte Kaffee-Erbin! Menschen sehnen sich nun mal nach realen Bezugspersonen, nach Menschen hinter dem Produkt. Davon sind sie begeistert. Aber das, was scheinbar hinter der Marke Jacobs steht und auch hinter dem Buch von Luise Jacobs, ist in meinen Augen allerdings ein Trugschluss, eine Mogelpackung.

Der Knackpunkt ist für mich: Die Marke Jacobs existiert zwar noch, hat aber keine unternehmerisch verankerte Identität mehr. Die Mitarbeiter wissen nicht mehr, für wen sie arbeiten. Die Kunden wissen nicht mehr, wer hinter dem Produkt steht. Sie werden verschaukelt. Im Unklaren darüber gelassen, wo das Geld herkommt, das hinter allem steckt, wie die Ethik, die Philosophie des Unternehmens aussehen und wohin das Geld geht, das sie für die Produkte bezahlen. Denn welcher Verbraucher weiß schon, dass der Gewinn aus dem Verkauf einer Packung Jacobs Kaffee im Supermarkt letztlich an die amerikanische Tabakindustrie fließt? Hier kommt die Qualität definitiv nicht von innen – kann sie gar nicht kommen, denn das Innenleben ist verschleiert.

Dallas und Denver in Hintertupfingen

Der Babynahrungshersteller Hipp hat eine solche Identität, eine starke obendrein, die sich aus den unterschiedlichen Werten speist, die der Unternehmer Claus Hipp verkörpert. Als Gefahr sehe ich allerdings bei ihm, dass diese auf ihn ausgerichtete Unternehmensidentität zu einer zu starken Ich-Zentriertheit führt und eines Tages ins Negative kippt. Wer als Werbeikone seines eigenen Unternehmens diesem einmal entworfenen Bild von sich nicht mehr entspricht, sich dann aber virtuell inszeniert, dabei erhöht und zum Nabel seiner selbst erschaffenen Welt stilisiert, der läuft Gefahr, nur noch etwas vor sich herzutragen, was er längst nicht mehr in sich trägt. Bislang macht Claus Hipp den Eindruck, dass er es schafft, auf dem Boden zu bleiben, auch wenn er sein Konterfei jeden Abend im Fernsehen sieht. Herr Grupp dagegen hat schon ein bisschen abgehoben. Oder halten Sie es für einen authentischen Lebensstil, sich vor der Villa in der schwäbischen Provinz einen Hubschrauberlandeplatz bauen zu lassen, auf dem dann der Trigema-Hubschrauber Tag und Nacht bereitsteht? Denver und Dallas spielen in Hintertupfingen? Authentisch ist es im Falle von Wolfgang Grupp vielleicht schon. Aber Understatement ist das definitiv nicht.

Auch Herbert von Karajan ist in meinen Augen ein gutes Beispiel für einen Menschen, der seiner Ich-Zentriertheit erlegen ist. Sein Hauptaugenmerk war auf sein Standing in der Gesellschaft gerichtet, auf die Millionen, die er verdiente, und auf ein Konterfei, von dem er wollte, dass es überall zu sehen war. Vielleicht hat ihn auch die bessere Gesellschaft erst zu dem gemacht, was er war, weil sie einen Zeremonienmeister wollte und brauchte. Im Nachkriegsdeutschland der Wochenschauen, in dem Karajan groß wurde, gab es tatsächlich noch einen richtigen Starkult. Denken Sie an Hildegard Knef oder Marlene Dietrich, die maßlos verehrt wurden. Es war eine Zeit, in der die Menschen stark nach Integrations- und Idolfiguren suchten und diese dann auch sehr überhöhten.

Nach der Ära Karajan kam das Privatfernsehen und mit ihm eine unüberschaubare Flut von Medienkanälen. In ihnen erscheint Sir Simon Rattle auf Normalgröße. Seine Kompetenz ist zu erkennen, auch sein Charisma, aber die Zeit der Überhöhung ist vorbei. Das mediale Bild von Rattle und das Bild, das er in der Öffentlichkeit von sich entwirft, sind deckungsgleich. Wo Karajan Selbstüberhöhung zelebrierte, lebt Rattle den Stil echten Understatements. Hätte man Karajan mit verwaschenen Jeans und zerzausten Haaren auf den Potsdamer Platz gestellt, hätte er nicht mehr dem überhöhten Bild entsprochen, das er von sich entworfen hatte. Karajan gab es nicht auf Normalmaß, ihn gab es nur als medial vermarktetes Artefakt. Dazu passt auch die Schrulligkeit, nur einem einzigen, ihm unkritisch ergebenen Musikjournalisten Interviews zu geben. Karajans rhetorische Fähigkeiten und seine sprachliche Überzeugungskraft waren im Vergleich zu seinem musikalischen Talent so bescheiden, dass er da wohl kein Risiko eingehen wollte. Auch hier hatte er den Boden der Tatsachen verlassen und trug etwas vor sich her, das ihm gar nicht entsprach.

Was Claus Hipp auf dem Boden hält, ist auch sein Glaube, da bin ich mir sicher. Er bezieht seine Identität als Unternehmer nicht nur auf sich als Individuum, sondern auch auf einen Gott, dem gegenüber er verantwortlich ist und mit dem er im Dialog steht. Aus diesem Dialog schöpft er seine Lebenskraft, die seinem unternehmerischen Dasein, seiner Verantwortung als Führungsmensch Kraft und Inspiration gibt. Er akzeptiert, dass es ein Wesen gibt, das größer ist als er – egal, wie viel Umsatz er macht. Eine solche Haltung führt zwangsläufig dazu, dass Claus Hipp immer Claus Hipp bleibt – egal, ob er einen Werbespot dreht, einen Vortrag vor 300 Menschen hält oder sich am Samstag im Supermarkt in die Warteschlange an der Kasse einreiht. Er ist authentisch. Ich finde, das kann man gut daran erkennen, dass er Verantwortung übernimmt für die Schöpfung, für die Natur, denn er schont die Ressourcen. Er empfindet aber auch Achtung vor der Schöpfung, denn er weiß, dass er angewiesen ist auf eine gute Ernte. Claus Hipp stellt sich nicht hin und sagt: Das ist alles mein Werk. Er weiß, dass sein unternehmerischer Erfolg abhängig ist von der Sonne, vom Regen, vom Bestehen der Welt, von einer gesunden Umwelt. Er akzeptiert, dass die Bedingungen seines Erfolges nicht in ihm liegen, sondern in der Schöpfung. Dadurch beweist er Demut.

Und noch eine wichtige Regel des Understatements hat Claus Hipp begriffen: Ein Unternehmer muss wissen, wie viel Einfluss und

Macht er sich als Unternehmer anmaßen darf. In der Businesswelt gehen ja alle mehr oder weniger davon aus: Je mehr Macht einer hat, desto mehr Erfolg hat er. Dabei ist es viel wichtiger, das richtige Maß zu finden: das richtige Maß im Umgang mit der Natur, mit den Ressourcen, aber auch mit den Mitarbeitern, mit der Zeit. Wer da über die Stränge schlägt, schädigt sich und die anderen. Wer zehn Jahre arbeitet und in diesen zehn Jahren nur zwei Wochen Urlaub macht und das auch von seinen Mitarbeitern erwartet, hat jedes Maß und Ziel verloren. Es ist wirklich eine zentrale Frage: Was maße ich mir an? Braucht die Natur dreihundert Jahre Zeit, um sich von den Schäden zu erholen, die ich ihr zugefügt habe, nur weil ich dreißig Jahre lang profitabel wirtschaften wollte? Habe ich mit einer Lebensspanne von achtzig Jahren das Recht, die Welt mit Substanzen zu verunreinigen, die erst in dreißigtausend Jahren abgebaut sein werden?

Vielleicht haben Sie schon einmal Berichte über die Osterinsel im Pazifischen Ozean gelesen oder im Fernsehen gesehen. Dann kennen Sie auch die monumentalen Steinskulpturen, die Moais. Über eintausend dieser Kolosse sollen einst auf der Insel gestanden haben. Welchen Zweck sie genau erfüllten, ist nicht bekannt. Forscher gehen davon aus, dass sie große Häuptlinge oder verehrte Ahnen der damals dort lebenden Menschen darstellen. Im Zusammenhang mit diesen Steinskulpturen steht aber auch der Zerfall der Kultur auf der Osterinsel: Um die Steinskulpturen und die Zeremonialplattformen zu errichten und zu transportieren, auf denen sie standen, holzte die Bevölkerung die gesamten Palmwälder ab. Der Boden erodierte, Ackerbau war nicht mehr möglich, zahlreiche Siedlungen wurden aufgegeben, die Lebensbedingungen schwierig bis unmöglich: Die Menschen dort hatten ihrem Kult – sprich: der Überhöhung des Menschen – ihre Umwelt geopfert und damit ihr Überleben aufs Spiel gesetzt. Sie hatten vergessen, dass sie nur ein kleines Glied in einer Kette waren, deren Ausmaß sie nicht überblickten.

An einem heiligen Ort

Wer den Süden Deutschlands verlassen hat und durch die burgundische Pforte Richtung Südwesten reist, darf eine Landschaft genießen, die mit ihren Hügeln, Weinbergen, den dichten Wäldern, Schlössern, Kirchen und Klöstern eine der geschichtsträchtigsten Regionen in Europa darstellt: Burgund. Kurz vor Cluny, hoch über dem Tal der Grosne, liegt ein kleiner Ort, in dem gerade einmal einhundertsechzig Menschen wohnen. Übers ganze Jahr, vor allem im Sommer, sind hier allerdings tausende zu Gast. Der Ort heißt Taizé. 1940 kam ein aus der Schweiz stammender Pastor hierher, in die Heimat seiner Mutter, um gemeinsam mit seiner Schwester und einigen Freunden Flüchtlinge, Juden und Oppositionelle vor den Nationalsozialisten zu verstecken. 1942 stürmte die Gestapo das Versteck und verhaftete die Insassen – bis auf den Pastor, der gerade einen der Flüchtlinge in die Schweiz gebracht hatte und noch unterwegs war. Als Taizé 1944 befreit wurde, kehrte er zurück in das kleine burgundische Dorf und trug seinen Teil dazu bei, dass die Wunden des Kriegs heilten: Er kümmerte sich gemeinsam mit drei Freunden um Kriegswaisen und Kriegsgefangene. Und gründete 1949 eine ökumenische Bruderschaft, die Communauté de Taizé.

Sie ahnen sicherlich längst, von wem ich Ihnen hier erzähle. Richtig, es ist Frère Roger Schutz, der mit bürgerlichem Namen Roger Louis Schutz-Marsauche hieß und sein Leben lang der Prior der von ihm gegründeten Bruderschaft war. In den ersten Jahren der Bruderschaft kamen viele Theologen nach Taizé, um dieses ökumenische Experiment zu studieren. Später dann, ab den sechziger Jahren, reisten immer mehr Jugendliche in den Sommermonaten dorthin. Dort lernten sie, was es bedeutet, als Individuum Glied in einer Kette zu sein – Mitglied einer Gemeinschaft, die gemeinsam nach dem Sinn des Lebens sucht. Zusammen mit den Brüdern beschäftigten sich die Jugendlichen mit biblischen und spirituellen Themen. Sie dichteten und sangen die bekannten Taizé-Lieder. Sie arbeiteten zusammen. Sie lebten in einfachen Unterkünften und erhielten eine einfache Verpflegung gegen geringes Entgelt. Und so ist es bis heute geblieben, auch nach dem Tod von Frère Roger, der im August 2005 während einer Andacht von einer psychisch kranken Frau mit einem Messer so schwer verletzt wurde, dass er wenig später starb.

Taizé ist ein stiller Ort. Auf dem Gelände der Bruderschaft stehen etliche Gebäude, darunter die mehrfach um- und ausgebaute Versöhnungskirche, die 1971 erbaut wurde. Kommt man zu einer Tageszeit an, in der alle Brüder und Gäste in einer Gesprächsgruppe sind, sieht man kaum jemanden. Im Hof vor der Kirche stehen große Küchenzelte, hinter einem Schuppen beginnen weitläufige Wiesen, auf denen Obstbäume wachsen. Der Platz ist nicht nur erfüllt von Stille, sondern auch von einer besonderen Energie. Die wird noch stärker spürbar, wenn man in die Kirche hineingeht. Der Boden ist mit einem Teppich belegt, im Chorraum sind große orangefarbene Segel gespannt. Vereinzelt flackern ein paar Kerzen. Die Stille hier leuchtet, glüht wie eine aufgehende Sonne. Wer nach Taizé kommt, findet sich in einer Gemeinschaft wieder, die zur Stille, zur Ruhe, zum Sinn kommt. In einem Meer von Kerzen erleben die Menschen, dass sie in einer Beziehung zu ihrem Schöpfer stehen, aber auch aufgehoben sind in der Beziehung zu ihren Mitmenschen. Sie erleben sich als Glied in einer Kette, als Teil einer Kommunität, einer Gesellschaft, einer Kultur, verbunden durch den Sinn, der ihrer aller Leben innewohnt: an einem heiligen Ort.

Was mich an der Figur des Frère Roger so stark fasziniert: Er hat sich niemals zum Guru gemacht. Er hatte das nicht nötig. „Lieben und es mit seinem Leben sagen", die Versöhnung der christlichen Konfessionen, Solidarität mit den Armen – das waren seine Maximen, und sie prägen den Geist und die spezielle Aura von Taizé noch immer. Frère Roger gab sich und sein Leben völlig einer Sache hin, die er aber nicht instrumentalisierte, um seine eigene Bedeutung zu erhöhen. Der Geist von Taizé – vielleicht drückt er auch die weltweite Sehnsucht nach einer Vaterfigur aus, nach einem Ort, an dem man ankommen und einfach nur sein kann.

Vor einiger Zeit war ich zu einer Tagung eines neu gegründeten Verbands von Führungskräften eingeladen. Sie dauerte drei Tage und fand im Kloster Eberbach statt. Den Rahmen der Arbeit bildete jeden Tag eine Zeit der Besinnung: In der Klosterkirche trafen sich die Tagungsteilnehmer und sangen gemeinsam die Taizé-Lieder, schlichte und einfache Gesänge, die in vielen Strophen wiederholt werden. Diese Momente in der eiskalten Kirche, in der die anwesenden Führungskräfte gemeinsam die Taizé-Lieder sangen, haben mich sehr berührt. Ich spürte ein sehr starkes Gemeinschaftsgefühl, „Wir sind zusammen" war die Wahrnehmung, die mich ausfüllte. Gleichzeitig spürte ich: Dieses Band, das uns zusammenhielt, war die spirituelle Erkenntnis, dass es jemanden gibt, der größer ist als wir alle.

In der Wirtschaft gibt es einen Trend zur Transzendenz. Nicht zur Religion! Die Kirchen verlieren ihre Bedeutung, das ist keine Frage mehr. Was an Bedeutung gewinnt, ist die persönliche Beziehung jedes Einzelnen zu seinem Schöpfer. In welcher Religionsgemeinschaft diese Beziehung gelebt wird, war den Führungskräften, die ich bei dieser Tagung kennenlernte und erlebte, unwichtig. Entscheidend war: Bin ich bereit, mich Gott zuzuordnen? Akzeptiere ich, dass es neben mir und meinem Ego noch ein höheres Wesen gibt? Um sich damit auseinanderzusetzen, bedarf es durchaus einer Gemeinschaft, aber sicherlich keiner Kirche. Genauso sah es Frère Roger auch. Deswegen ist er auch Stifter einer Gemeinschaft geworden und nicht Begründer einer Religion mit Mitgliedsausweis. Nach Taizé konnten alle Menschen kommen. Sie konnten Gespräche führen und gemeinsam mit anderen singen, die ebenfalls wie sie auf der Suche waren. Dort konnten sie einfach nur Mensch sein.

Wie ein Boot auf einer Welle

Wer es nicht nötig hat, vor sich her zu tragen, was er in sich trägt, der weiß und akzeptiert auch, dass er in dieser Welt ein gewisses Mandat bekommen hat. Was meine ich mit „Mandat"? Ein Mandat kann eine Aufgabe oder ein Unternehmen sein, das ein Mensch von seinen Eltern geerbt hat. Denken Sie an das erste Kapitel dieses Buches zurück; dort habe ich Ihnen Persönlichkeiten vorgestellt, die ihre speziellen Mandate, ihre Geschenke angenommen haben. Allerdings scheint das mit dem Mandat, das Eltern an ihre Kinder geben oder ihnen auch verweigern, nicht immer so ganz nach Plan zu laufen. Zumindest nicht im Hause Breuninger. Der Warenhausbetreiber in dritter Generation, Heinz Breuninger, zog für seine Nachfolge seine beiden Töchter nicht in Betracht. Er wollte ihnen das Mandat nicht geben. Er brachte seine Familienanteile an dem Unternehmen in eine Stiftung ein und übertrug die Geschäftsleitung der Warenhäuser einem Geschäftsführer, der nicht zur Familie gehörte. Und er verlangte, dass seine beiden Töchter zugunsten der Stiftung auf ihr Erbe verzichten sollten. Seine Tochter Helga nahm sich dann ihr Mandat: Sie bestand nämlich darauf, dass sie im Gegenzug die Leitung der Stiftung übertragen bekam. Sie setzte sich durch und kümmert sich heute sehr erfolgreich um die Projekte der Breuninger-Stiftung.

Ein Mandat kann aber auch ein Ehrenamt sein, das ein Mensch antritt, weil er einen persönlichen Beitrag leisten möchte oder sich einer politischen Entwicklung gestellt hat. Mutter Theresa beispielsweise hörte einfach auf die Stimme ihres Herzens während einer ihrer zahlreichen Fahrten durch Kalkutta. Diese Stimme sagte ihr, dass sie in die Slums gehen und sich dort um die Ärmsten der Armen kümmern solle – das war ihr Mandat und sie nahm es an. Sie begann, Kranken, Sterbenden und Waisen zu helfen, immer mehr kamen zu ihr und zu dem von ihr gegründeten Orden, ihr Mandat wurde immer größer und größer und sie nahm auch das an. Auch Frère Roger folgte dem Mandat seines Herzens. Ein Mandat bedeutet für mich, dass man Verantwortung bekommt und übernimmt: für andere, aber auch dafür, etwas zu entscheiden und zu leiten.

Jeder Mensch bekommt ein Mandat in einem anderen Maß. Einer hat vielleicht ein Mandat für eine kleine Familienbrauerei, die er leitet. Ein anderer hat ein größeres Mandat und betreut Firmenniederlassungen in vielen verschiedenen Ländern. Es gibt auch Menschen, die ein globales Mandat haben wie Bill Gates, Bill Clinton, Mahatma Ghandi oder eben Mutter Theresa. Ein Mandat verleiht Ausstrahlung, bedeutet aber gleichzeitig auch die Verantwortung, das Mandat anzunehmen – zu führen, zu herrschen, zu leiten. Sonst ist das Mandat verschwendet. Wer nur ein Mandat für sich selbst wahrnimmt, der hat kein echtes. Ein gutes Mandat ist es nur dann, wenn es für andere Menschen bestimmt ist.

Was ein Mandat ebenso auszeichnet, ist eine gewisse Leichtigkeit, mit der es in unser Leben tritt. Ein Mandat hat nichts mit Anstrengung zu tun, nichts mit dem Durchbrechen von Mauern, dem Erzwingen von Möglichkeiten oder dem mühsamen Überwinden von Grenzen. Ein Mandat ist es, wenn Türen aufgehen, wenn sich Chancen und Möglichkeiten wie von selbst ergeben. Wenn dem Geschäftsführer eines Sägewerks aus Bad Hersfeld ein überregionales oder gar internationales Mandat zusteht, dann wird er es daran merken, dass er auf einmal aus anderen Ländern Anfragen nach seinem speziellen, qualitativ hochwertigen Holz bekommt, das er in seinem Werk zu Brettern verarbeitet. Er wird es daran merken, dass etwas in Gang kommt, ohne dass er sich verbiegen und verrenken muss. Wenn sein Mandat wirklich ein überregionales oder internationales sein soll, dann wird er es sich nicht erkämpfen müssen.

Und deswegen bin ich auch überzeugt davon, dass jeder Mensch in seinem Inneren spürt, ob er innerhalb seines Mandats handelt, wenn er dieses oder jenes tut. Erinnern Sie sich noch an meinen dringenden Wunsch, beim ZDF zu arbeiten, von dem ich Ihnen im vorigen Kapitel berichtet habe? Das war so ein Fall, wo ich eindeutig gegen mein Mandat gehandelt habe. Ich konnte es nicht erzwingen, beim ZDF zu arbeiten, und das war auch gut so. Wenn man sich in der Situation befindet, dass man monatelang vergeblich versucht, etwas Bestimmtes zu erreichen, dann sollte man sich das wirklich fragen: Ist dieser Wunsch tatsächlich von meinem Mandat gedeckt? Oder ist vielleicht nur der richtige Zeitpunkt für dieses Vorhaben noch nicht gekommen? Denken Sie immer daran: Es kommt darauf an, sein Boot zum richtigen Zeitpunkt auf die richtige Welle zu setzen, denn dann wird es einfach mitgetragen, ohne dass man sich anstrengen muss, und genau das zählt.

Ein Mandat ist so etwas wie eine natürliche Autorität, gemäß derer man lebt und handelt und die auch tief in der jüdisch-christlichen Tradition verankert ist, quasi der Kerngedanke des Christentums. Auch Jesus hatte ein Mandat bekommen – von seinem Vater. „Keiner kommt zum Vater denn durch mich", kann man in Johannes 14, 6 nachlesen. Heiner Geißler sagte einmal: „Das, was Jesus ausgezeichnet hat und warum er umgebracht wurde, war die Identität zwischen Denken, Reden und Handeln. Er war der vollkommene Prototyp eines glaubwürdigen Menschen." Diese Identität von Denken, Reden und Handeln – sie ist es, was viele der Menschen, die ich ihnen in diesem Buch vorgestellt habe, leben. Sie verhalten sich authentisch und stimmig. Reden und Tun, Innen und Außen stimmen überein. Und genau darin liegt Wahrheit – nicht nur gemäß des Christentums, sondern auch gemäß unserer westlichen Philosophie.

Schon Aristoteles sah das so: Nur der ist wahrhaftig, der sich so darstellt, wie er ist. Nur das, was stimmig ist, was in sich ruht, ist wahr. Aristoteles geht sogar noch einen Schritt weiter: Den Umgang der Menschen untereinander sollten die „homiletischen Tugenden" prägen, zu denen neben der Wahrhaftigkeit auch die Freundlichkeit und die gesellschaftliche Gewandtheit gehören. Freundlichkeit gepaart mit Wahrhaftigkeit – das wäre also die Herausforderung, die uns die Philosophie mit auf den Weg gibt. Fragen Sie sich doch einmal: Hören Sie auf Ihre innere Stimme, auch wenn die zuweilen ganz ungebeten und unpraktisch dazwischenquengelt? Hören Sie auf Ihr Gewissen? Stehen Sie mit letzter Konsequenz hinter dem, was Sie sagen? Können Sie sich selbst reden hören?

Ein Hofnarr mit Rauschebart

Die Konzernzentrale der Deutschen Bank in Frankfurt – sie ist die letzte Station dieses Buches. Die Zwillingstürme, in denen das mächtige Geldhaus residiert, gehören zu den am besten gesicherten Gebäuden in Deutschland. Security rund ums Haus, überall persönliche Kontrolle: „Wo möchten Sie hin?" – „Bitte zeigen Sie mir Ihren Personalausweis!". Dann – das imposante Foyer. Noch einmal muss ich meinen Ausweis zeigen und auch gleich abgeben. „Den erhalten Sie dann wieder, wenn Sie das Haus verlassen", sagt die Dame am Empfang. Ich bekomme eine Code-Karte, denn ohne die geht es nicht in den Aufzug, und natürlich einen persönlichen Begleiter: Ich komme mir vor wie in einem Hochsicherheitstrakt. Es ist ein spannender Auftakt für ein interessantes Gespräch, das ich gleich führen werde: Ich habe einen Termin beim Chefvolkswirt der Deutschen Bank, Professor Dr. Norbert Walter.

Der Ökonom hat eine beeindruckende Karriere gemacht. Er stammt aus einer Familie mit fünf Kindern und wuchs in Unterfranken auf. Nach dem Abitur studierte er in Frankfurt Volkswirtschaftslehre und promovierte 1971. Seine Tätigkeit für das Institut für Kapitalmarktforschung und das Institut für Weltwirtschaft weckte und begründete sein Interesse für die Forschung. 1978 wurde er zum Professor und zum Direktor des Instituts für Weltwirtschaft berufen. Neun Jahre später kam er zur Deutschen Bank in Frankfurt und wurde 1990 zum Chef-Volkswirt der Deutschen Bank Gruppe ernannt. Seit Sommer 2000 gehört er zudem zum Gremium der „Sieben Weisen" bei der EU-Kommission in Brüssel.

Kurz bevor mein mir zugewiesener Begleiter und ich das Büro von Dr. Norbert Walter erreichen, durchqueren wir ein Großraumbüro, quasi das Vorzimmer des Chef-Volkswirts. Viele Menschen sitzen hier und arbeiten, Mitarbeiter, Assistenten, Praktikanten. Der Raum wirkt eher wie ein Lesesaal in einer Universitätsbibliothek und gar nicht wie ein Bankbüro. Dann stehen wir in seinem Büro. Es ist sehr unscheinbar, auch gar nicht sehr groß, spartanisch eingerichtet, mit weißen Regalen, in denen viele Bücher und Zeitschriften stehen. Der Schreibtisch hat Normalmaß, es gibt keine monumentalen Skulpturen, keine überdimensionierten Kunstwerke, keine Insignien der Macht, nichts. Dies ist ein ganz normales und zweckorientiertes Büro, in dem gearbeitet, nicht repräsentiert wird. Selbst wenn das der Rolle Norbert Walters durchaus entspräche.

Er kommt auf mich zu und begrüßt mich. Er ist nicht sehr groß. Seine Präsenz, seine Aura füllen den Raum dennoch mühelos. Er trägt formal-korrekte Kleidung – bis auf die Schuhe. Die sind eher an Bequemlichkeit und Laufkomfort orientiert als an Eleganz. Sein Gesicht ist dominiert von einem freundlichen Augenpaar – und von einem fast schon großväterlich anmutenden Rauschebart, den er trotz des ungeschriebenen Gesetzes „Keinen Bart für Banker" trägt und schon zu so etwas wie einem Markenzeichen stilisiert hat. Walter sieht sich in seiner Sonderrolle als Chef-Wissenschaftler dieses Bankhauses ein bisschen wie ein Hofnarr: Er darf Dinge sagen, Wahrheiten aussprechen, die andere nicht sagen dürfen. Dieses Standing hat er aufgrund seines Wissens, seiner Weisheit und seiner Persönlichkeit.

Querdenker auf Kurs

Zu diesem Hofnarrstatus passt auch „Walters Web Winkel" – die private Homepage Norbert Walters, die zwar mit dem Logo der Deutschen Bank gekrönt ist und als „Think Tank der Deutsche Bank Gruppe" bezeichnet wird, aber ansonsten kräftig aus der Reihe tanzt. Norbert Walter präsentiert hier alles, was ihn außer „Zinsen, Wechselkursen und Konjunktur" noch so umtreibt. Das sind vor allem gesellschaftliche Fragen aus den Bereichen Familie, Ethik und Politik. Das Ganze kommt gespickt mit Cartoons, oft quietschbunt, ein bisschen wie hausgemacht und ziemlich frech bis respektlos daher. Mir gefällt es genau deswegen ziemlich gut, dieses Kontrastprogramm zum dezent blaugrauen Auftritt der Deutschen Bank.

Während unseres Gesprächs frage ich Norbert Walter nach den wichtigsten Werten, von denen er sich leiten lässt. „Verankerung in Gott", kommt da sehr schnell die Antwort. „Weil Menschen immer fehlen – alle. Und weil man einen letzten Anker braucht. Weil man etwas braucht, was über die Mühsal und das Glück des Diesseits hinauszeigt." Wichtiger Wert ist ihm aber auch die Nächstenliebe. Die solle man üben – viel üben, vor allem in der Familie. Aber auch in anderen Strukturen, in der Gemeinde, im Betrieb.

Und er erzählt zum Thema „Was leitet mich, wenn ich leite?" etwas Überraschendes: „Wie bitte leite ich meinen Enkel, um ihm das Schuhbinden zu lernen?", fragt er. Und fährt dann fort: „Ich vermittle ihm den Stolz, sich selbständig anzuziehen. Ja sicher. Aber dann setze ich mich zu ihm auf den Boden hinter ihn, damit wir beide in die gleiche Richtung schauen. Das hilft, denn wenn ich gegenüber sitze, kann ich die Schuhe nicht aus seiner Perspektive sehen. Dann versuche ich nicht zu erklären, was ich tue, sondern zeige ihm mit Sorgfalt und wiederholt, was zu tun ist. Dann lasse ich ihn wiederholen, was ich tat, Schritt für Schritt, zeige nochmals, was noch nicht gelingt, lobe die Zwischenerfolge und dann ziehen wir die Schleife fest. Und machen einen Doppelknoten zur Sicherheit."

Eigentlich würde man einen solchen werteorientierten Querdenker nicht bei einer solchen Großbank vermuten. Warum arbeitet er hier, bei der Deutschen Bank, die immer mal wieder als der größte Hedgefonds der Welt bezeichnet wird, denn ihren Hauptumsatz macht sie schon längst nicht mehr mit dem klassischen Bankgeschäft, sondern im Wertpapierhandel: Jeden Tag verschiebt sie Milliarden im großen Stil. Und dieser hochethische Mensch Norbert Walter sitzt jeden Tag in dieser Schlangengrube? So ist es. Und traut sich Dinge zu sagen, die in der Öffentlichkeit viele nicht hören wollen. Dass Private-Equity-Gesellschaften eben keinesfalls nur als Heuschrecken daherkommen, sondern für viele Unternehmen oft die letzte Möglichkeit der Kapitalbereitstellung sind, nämlich dann, wenn keine Bank mehr bereit ist, Geld zu geben.

Er wagt es auch zu sagen, dass die Schließung des Nokia-Werks in Bochum Anfang 2008 nicht einen Raubtierkapitalismus globaler Prägung verdeutlicht, sondern „das analytische und kommunikative Versagen der deutschen Gesellschaft". Statt Verluste von Standardarbeitsplätzen gegenüber Rumänien lautstark zu beklagen, solle man – laut Walter – lieber den Gewinn von zahllosen gut bezahlten Arbeitsplätzen im Maschinenbau erkennen und als Erfolg in der Globalisierung feiern. Besser sei es, auf marktwirtschaftliche Anreize zu vertrauen, anstatt auf massive Subventionsprogramme – wie im Falle von Nokia geschehen. Die Schließung des Werks ist in seinen Augen ein völlig normales unternehmerisches Handeln und aus Sicht des finnischen Unternehmens sehr verständlich.

Und so hat die Deutsche Bank zwei sehr gegensätzliche Repräsentanten, zwei unterschiedliche Gesichter in der Öffentlichkeit: Sie wird verkörpert vom Vorstandschef Josef Ackermann, der mit dem demonstrativ vorgetragenen und überheblich wirkenden Victory-Zeichen zu Beginn des Mannesmann-Prozesses wie kaum ein anderer Manager in Deutschland Kritik auf sich gezogen hat, und eben Norbert Walter, dem etwas spitzbübisch im Hintergrund agierenden Kommunikator. Walter redet dabei immer positiv über Ackermann: Der sei ein sehr guter Banker und Manager, könne das aber nicht gut genug verkaufen.

Ebenso wie Ackermann ist auch Walter loyal und treu gegenüber der Deutschen Bank. Seit dreißig Jahren ist er mit an Bord. Er hat die Entwicklung der Banken in Deutschland, des Bankenwesens weltweit mitverfolgt und mitgestaltet, ist nie ausgestiegen, hat sich allerdings seine Distanz und seine Sonderrolle hart erarbeitet und immer bewahrt. Mehr als das: Er hat sich unentbehrlich gemacht. Er hat echte Kapitänsqualitäten: Bei jedem Wetter steht er an Deck, hält die Position und den Kurs. Er nimmt nie ein Blatt vor den Mund, vertritt immer ehrlich und authentisch seine Überzeugungen in fachlichen und ethischen Fragen. Er legt keinen Wert auf ein wie auch immer geartetes Image. Man kann ihn nicht in eine Schublade stecken. Er strahlt eine geballte Kraft aus, wie ein großes Tankschiff, man fühlt sich wie magisch angezogen von dieser Kraft – es ist eine Kraft, die von innen kommt.

Nach meiner ersten Begegnung mit Norbert Walter stand ich vor den Zwillingstürmen der Deutschen Bank auf der Straße. Ich blinzelte ein bisschen in die Sonne, schaute noch mal an den glitzernden Türmen hoch, zu den Fenstern von Walters Büro – sprachlos und tief im Herzen berührt. Ich spürte: Er verkörpert als einer der letzten eine alte Spezies von Unternehmenslenkern, die sehr ethisch, sehr authentisch, sehr stimmig leiten und führen. Er lässt seine Kraft, seine Energie, sein Leben in eine Haltung gegenüber anderen münden, die es kaum noch gibt. Ich spürte einen fast schon körperlichen Schmerz, denn ich wusste: Wenn er das Unternehmen, die Arbeitswelt verlässt, denn geht mit ihm eine Generation, eine Ära zu Ende. Und ich fragte mich: Wo sind die Norbert Walters von morgen? Wo sind die Claus Hipps von morgen? Wo sind die Führungskräfte, die bereit sind, ihre ganze Persönlichkeit und ihr Leben für eine Sache einzusetzen? Wer wird sich nicht scheuen, ein Vorbild zu sein? Wer wird bei Wind und Wetter auf der Brücke stehen und das Schiff auf Kurs halten? Wer wird das sein?

Stichwortverzeichnis

Der Autor

Rainer Wälde ist Berater und Trainer, TV-Moderator und Buchautor. Als Leiter der TYP Akademie Limburg steht er an der Spitze des Marktführers für Image- und Stilberatung in Deutschland und weiteren europäischen Ländern.

Bis zum Abschluss seines Studiums arbeitete er zunächst in der öffentlichen Verwaltung und wurde anschließend Rundfunkredakteur und Fernsehmoderator. Heute führt er die TYP Akademie gemeinsam mit Ilona Dörr-Wälde. Als Berater ist er hauptsächlich in den Feldern Persönlichkeitsentwicklung, Marketing, Public Relations, Kundenservice und Business-Etikette tätig.

Rainer Wälde ist seit 2004 Herausgeber des Referenzwerks „Der große Knigge" im Verlag Deutsche Wirtschaft. Er ist Mitbegründer und Vorsitzender des Deutschen Knigge-Rates.